2015–2016年中国安全产业发展蓝皮书

The Blue Book on the Development of Safety Industry in China (2015-2016)

中国电子信息产业发展研究院　编著

主　编/樊会文

副主编/高　宏

人民出版社

责任编辑：邵永忠
封面设计：佳艺时代
责任校对：吕　飞

图书在版编目（CIP）数据

2015-2016年中国安全产业发展蓝皮书／樊会文　主编；
中国电子信息产业发展研究院　编著．—北京：人民出版社，2016.8
ISBN 978-7-01-016525-7

Ⅰ．①2… Ⅱ．①樊… ②中… Ⅲ．①安全生产—研究报告—
中国—2015-2016 Ⅳ．① X93

中国版本图书馆CIP数据核字（2016）第174781号

2015-2016年中国安全产业发展蓝皮书
2015-2016NIAN ZHONGGUO ANQUAN CHANYE FAZHAN LANPISHU

中国电子信息产业发展研究院　编著
樊会文　主编

人民出版社　出版发行
（100706　北京市东城区隆福寺街99号）

北京市通州京华印刷制版厂印刷　新华书店经销

2016年8月第1版　2016年8月北京第1次印刷
开本：710毫米×1000毫米　1/16　印张：13.75
字数：225千字

ISBN 978-7-01-016525-7　定价：75.00元

邮购地址　100706　北京市东城区隆福寺街99号
人民东方图书销售中心　电话（010）65250042　65289539

代 序

在党中央、国务院的正确领导下，面对严峻复杂的国内外经济形势，我国制造业保持持续健康发展，实现了“十二五”的胜利收官。制造业的持续稳定发展，有力地支撑了我国综合实力和国际竞争力的显著提升，有力地支撑了人民生活水平的大幅改善提高。同时，也要看到，我国虽是制造业大国，但还不是制造强国，加快建设制造强国已成为今后一个时期我国制造业发展的核心任务。

“十三五”时期是我国制造业提质增效、由大变强的关键期。从国际看，新一轮科技革命和产业变革正在孕育兴起，制造业与互联网融合发展日益催生新业态新模式新产业，推动全球制造业发展进入一个深度调整、转型升级的新时期。从国内看，随着经济发展进入新常态，经济增速换挡、结构调整阵痛、动能转换困难相互交织，我国制造业发展也站到了爬坡过坎、由大变强新的历史起点上。必须紧紧抓住当前难得的战略机遇，深入贯彻落实新发展理念，加快推进制造业领域供给侧结构性改革，着力构建新型制造业体系，推动中国制造向中国创造转变、中国速度向中国质量转变、中国产品向中国品牌转变。

“十三五”规划纲要明确提出，要深入实施《中国制造 2025》，促进制造业朝高端、智能、绿色、服务方向发展。这是指导今后五年我国制造业提质增效升级的行动纲领。我们要认真学习领会，切实抓好贯彻实施工作。

一是坚持创新驱动，把创新摆在制造业发展全局的核心位置。当前，我国制造业已由较长时期的两位数增长进入个位数增长阶段。在这个阶段，要突破自身发展瓶颈、解决深层次矛盾和问题，关键是要依靠科技创新转换发展动力。要加强关键核心技术研发，通过完善科技成果产业化的运行机制和激励机制，加快科技成果转化步伐。围绕制造业重大共性需求，加快建立以创新中心为核心载体、以公共服务平台和工程数据中心为重要支撑的制造业创新网络。深入推进制造业与互联网融合发展，打造制造企业互联网“双创”平台，推动互联网企业构建制造业“双创”服务体系，推动制造业焕发新活力。

二是坚持质量为先，把质量作为建设制造强国的关键内核。近年来，我国制造业质量水平的提高明显滞后于制造业规模的增长，既不能适应日益激烈的国际竞争的需要，也难以满足人民群众对高质量产品和服务的热切期盼。必须着力夯实质量发展基础，不断提升我国企业品牌价值和“中国制造”整体形象。以食品、药品等为重点，开展质量提升行动，加快国内质量安全标准与国际标准并轨，建立质量安全可追溯体系，倒逼企业提升产品质量。鼓励企业实施品牌战略，形成具有自主知识产权的名牌产品。着力培育一批具有国际影响力的品牌及一大批国内著名品牌。

三是坚持绿色发展，把可持续发展作为建设制造强国的重要着力点。绿色发展是破解资源、能源、环境瓶颈制约的关键所在，是实现制造业可持续发展的必由之路。建设制造强国，必须要全面推行绿色制造，走资源节约型和环境友好型发展道路。要强化企业的可持续发展理念和生态文明建设主体责任，引导企业加快绿色改造升级，积极推行低碳化、循环化和集约化生产，提高资源利用效率。通过政策、标准、法规倒逼企业加快淘汰落后产能，大幅降低能耗、物耗和水耗水平。构建绿色制造体系，开发绿色产品，建设绿色工厂，发展绿色园区，打造绿色供应链，壮大绿色企业，强化绿色监管，努力构建高效清洁、低碳循环的绿色制造体系。

四是坚持结构优化，把结构调整作为建设制造强国的突出重点。我国制造业大而不强的主要症结之一，就是结构性矛盾较为突出。要把调整优化产业结构作为推动制造业转型升级的主攻方向。聚焦制造业转型升级的关键环节，推广应用新技术、新工艺、新装备、新材料，提高传统产业发展的质量效益；加快发展3D打印、云计算、物联网、大数据等新兴产业，积极发展众包、众创、众筹等新业态新模式。支持有条件的企业“走出去”，通过多种途径培育一批具有跨国经营水平和品牌经营能力的大企业集团；完善中小微企业发展环境，促进大中小企业协调发展。综合考虑资源能源、环境容量、市场空间等因素，引导产业集聚发展，促进产业合理有序转移，调整优化产业空间布局。

五是坚持人才为本，把人才队伍作为建设制造强国的根本。新世纪以来，党和国家深入实施人才强国战略，制造业人才队伍建设取得了显著成绩。但也要看到，制造业人才结构性过剩与结构性短缺并存，高技能人才和领军人才紧缺，基础制造、高端制造技术领域人才不足等问题还很突出。必须把制造业人才发展摆在更加突出的战略位置，加大各类人才培养力度，建设制造业人才大军。以提高现代经营管理水平和企业竞争力为核心，造就一支职业素养好、市场意识强、熟悉国内外经济运行规则的经营管理人才队伍。组织实施先进制造卓越工程师培养计划和专业技术人才培养计划等，造就一支掌握先进制造技术的高素质的专业技术人才队伍。大力培育精益求精的工匠精神，造就一支技术精湛、爱岗敬业的高技能人才队伍。

“长风破浪会有时，直挂云帆济沧海”。2016 年是贯彻落实“十三五”规划的关键一年，也是实施《中国制造 2025》开局破题的关键一年。在错综复杂的经济形势面前，我们要坚定信念，砥砺前行，也要从国情出发，坚持分步实施、重点突破、务求实效，努力使中国制造攀上新的高峰！

工业和信息化部部长 苗圩

2016 年 6 月

前 言

2016年伊始，习近平总书记就在中共中央政治局常委会会议上发表重要讲话，对全面加强安全生产工作提出明确要求，强调血的教训警示我们，公共安全绝非小事，必须坚持安全发展，扎实落实安全生产责任制，堵塞各类安全漏洞，坚决遏制重特大事故频发势头，确保人民生命财产安全。李克强总理也同时对安全生产工作作出重要批示。

党中央和国务院对安全生产工作的高度重视，力度之大、层次之高是前所未有的。党和国家领导人对安全生产的一系列重要指示批示精神，是坚持人民利益至上，牢固树立安全生产红线意识的重要体现。在2016年继续实现事故总量保持下降、死亡人数继续减少、重特大事故频发势头得到遏制的大趋势下，才能做好全国安全生产形势持续稳定向好工作。安全产业作为为安全生产、防灾减灾、应急救援提供支撑保障的重要手段，在落实习近平总书记对加强安全生产工作提出的5点要求中，承担着加强基础建设，提升安全保障能力的重任。

一

党和国家对安全生产工作重视程度如此之高，与我国安全生产形势和社会的需要是分不开的。现阶段，我国工业化、城镇化快速发展，正处于安全事故的易发和多发期。有数据显示，每年因各类生产安全事故导致的人员伤亡和财产损失占GDP总值约6％，安全生产形势仍十分严峻。切实加强安全生产工作，不仅要抓意识提高、抓管理水平、抓责任落实，而且亟须抓安全产业，为生产安全、应急救援提供更多先进、高效、可靠、实用的专用技术和产品，从源头上提升安全生产保障能力，更好地满足广大人民群众对身体健康、生命安全、社会稳定的需要。

安全产业更加注重公共安全预防为主的原则，以满足预防安全事故需要为切入点培育新业态。应急产业更加注重公共安全减少危害的原则，以满足处置突发事件需要为切入点培育新业态。安全产业、应急产业都是国家支持和鼓励发展的新兴产业，两者相辅相成，相得益彰，都有利于提高国家公共安全保障水平，有利于培育新的经济增长点。安全产业具有以下3点基本特征。

1. 需求牵引。我们国家市场饱和是低层次的市场饱和，而人们对高层次的需求仍然是非常旺盛的，特别是日益高涨的人民群众新的安全保障需求，以及形势紧迫的各级政府维护公共安全新的能力需求，势必启动安全专用产品、技术和服务的有效供给，培育和催生经济发展新动力。

2. 融合发展。安全产业是从传统产业里孕育出来的新产品、新技术、新业态，融合在钢铁冶炼、纺织服装、汽车制造、机械制造等传统产业全产业链中，传统产业是基础，安全产业是导向，两者相互交融、协调发展，更加注重以安全属性促进传统产业改造提升。

3. 动态演进。安全产业是在我国社会经济发展特定阶段出现的新兴产业，将随技术进步和需求变化而动态演进，向传统产业更替特征明显，部分安全产品、技术和服务的不断成长壮大，进入成熟期后成为传统产业，最终退出新兴产业系统，有的部分进入衰退期，进而转变为夕阳产业。

安全产业存在的主要问题：一是产业发展还处于培育阶段。技术、装备和服务水平参差不齐，缺乏在国际上有主导作用的龙头企业。二是产业市场培育不足。部分地区对发展安全产业认识不足，发展安全产业政府引导机制尚不完善。三是科技创新对产业的支撑不足。产、学、研、用创新体系脱节，技术成果转化机制还不成熟。

二

在世界范围内，安全产业发展总体处于初期阶段，基本范畴还没有统一标准，我们定义的安全产业是为安全生产、防灾减灾、应急救援等安全保障活动提供专用技术、产品和服务的产业。2012年工信部与国家安监总局印发指导意见以后，我国安全产业整体上呈现良好发展势头，出现了以重庆、吉林、江苏、辽宁、安徽为代表的安全产业集聚发展区。2015年，继江苏徐州、辽宁营口之后，工信部会同国家安监总局又批准了安徽合肥为国家安全产业示范园区创建单位。2014年，工信部在公安部、国家安监总局、民政部等部门支持下，筹备成立了中国安全产业协会，2015年中国安全产业协会在工信部、国家安监总局等相关部委支持下，也得到了快速发展。

2016年将是安全产业重要发展年，“加强安全生产基础建设，提高安全保障能力”列入了国务院安委会2016年工作要点之中。第一，安全产业投资基金将成为撬动安全产业投融资体系建设的杠杆，成为安全产业发展的活动源泉。第二，安全产业园区（基地）建设将开启新局面。2016年将正式出台《国家安全产业示范园区（基地）管理办法》，安全产业示范园区和基地建设将更加规范协调化发展。第三，先进安全技术和产品水平将快速提升。在“互联网 +”和“中国制造2025”等大战略引领下，将有效加强安全科技项目研发、转化、推广应用。第四，中国安全产业协会将进一步发挥政府和企业之间的桥梁与纽带作用。

三

当前经济下行，亟待创新发展模式，寻找新的经济增长点。安全产业在创新发展模式，弥补安全欠账，拉动经济增长，确保实现安全生产形势根本好转的总体目标中，不失为拉动经济、一举多得、利国利民、应对当前国际国内经济形势具有战略意义的选择。赛迪研究院安全产业研究所（原工业安全生产研究所）在工信部安全生产司、国家安监总局规划科技司等部门的支持下，承担着中国安全产业的研究工作，为此，研究人员认真调研国内外安全产业的最新发展动态，希望能够更好为我国安全产业发展出谋划策，为安全产业发展提供帮助。此次编撰的《2015—2016年中国安全产业发展蓝皮书》，由综合篇、行业篇、区域篇、园区篇、企业篇、政策篇、热点篇和展望篇八部分组成，从各个方面，以数据、图表、案例、热点等多种形式，对国内外安全产业发展经验进行了分析研究，从宏观层面较全面地反映了2015年我国安全产业发展的现状与问题，对我国安全产业重点行业和主要安全产业园区（基地）进行了较为深入的研究，展望了2016年我国安全产业发展的基本趋势。

综合篇，在对全球安全产业发展状况进行研究的基础上，对我国安全产业的发展情况进行了阐述，对存在问题进行了分析，并提出了相应的对策建议。

行业篇，对道路交通安全产业、建筑安全产业、消防安全产业、矿山安全产业、城市公共安全产业、应急救援产业、安全服务产业等安全产业重点领域，分别从发展情况、发展特点等方面进行了较为详细的介绍。

区域篇，对安全产业发展较好的东部地区、中部地区和西部地区，从整体发展情况和发展特点两个方向进行分析，并选取了重点省市进行了详细介绍。

园区篇，选取了徐州安全科技产业园区、西部安全（应急）产业基地、合肥公共安全产业园区、北方安全（应急）智能装备产业园等在国内发展比较突出的安全产业园区，从园区概况、园区特色、有待改进的问题等三个方面进行了重点研究。

企业篇，依托中国安全产业协会，在协会的理事单位中选择了在国内安全产业发展较有特点的八家企业单位，对企业的概况和主要业务进行了介绍。

政策篇，对2015年中国安全产业政策环境进行了分析，对《国务院办公厅关于加强安全生产监管执法的通知》等2015年有关安全产业发展的重点政策进行了解析。

热点篇，针对我国安全生产和安全产业发展的情况，选取了"'8·12'天津滨海新区爆炸事故"等重特大事故和（中国）安全产业投资合作协议签署等热点问题，分别进行了事件回顾和事件分析。

展望篇，对国内主要研究机构关于安全产业的预测性观点进行了综述，对2016年中国安全产业发展分别从总体展望和发展亮点等方面进行了展望。

赛迪智库安全产业研究所（原工业安全生产研究所）注重研究国内外安全产业的发展动态和趋势，尽量发挥好对政府机关的支撑作用，对安全产业基地、安全产业企业及安全产业协会的服务功能。希望通过我们不断的研究工作，对推动安全产业按照我国经济社会安全发展的总要求发展起到促进作用。

中国安全产业协会理事长 

目 录

区 域 篇

园 区 篇

企业篇

政策篇

热点篇

展望篇

综 合 篇

第一章　2015年全球安全产业发展状况

2015年以来，全球经济发展整体上呈现出乏力态势，逐渐呈现出两极分化的格局。发达国家只有美国出现了稳健的复苏迹象，失业率下降了5%左右，是2008年以来的情况，而欧洲经济则继续乏力，受到IS以及难民问题困扰，面临诸多不确定性，亚洲的日本则继续在经济上呈现停滞状态。新兴经济体中，虽然印度和中国继续保持了较快的经济增长速度，速度却有所下降。尤其是中国2015年的GDP预计将破7%,外需乏力,亟须寻找新的经济增长点,带动经济发展。安全产业，为国家的经济发展和社会生活提供了重要的保驾护航的作用，成为极具潜力的经济增长点，各国政府对安全产业高度重视，并且呈现出一些独特的发展特征。

第一节　概述

安全产业在国际上并无明确的概念和范围划分，各国和各地区对于安全产业有不同的定义范畴，涉及的行业也有所差异，这不仅与各国和地区基本情况、经济发展水平、人文环境等诸多因素相关，也与各国所处的安全环境、发达程度密不可分。

在发达国家，安全产业主要是指与国土安全、社会安全、防灾减灾、公共安全、个人防护用品等有关安全的产品、装备与服务。在发展中国家，安全产业主要是服务于生产安全、社会稳定、职业健康、减灾救灾等社会经济发展所需的技术、装备和服务。《国务院关于进一步加强企业安全生产工作的通知》（国发〔2010〕

23号）中明确提出了“安全产业”的概念，其中要求“把安全检测监控、安全避险、安全保护、个人防护、灾害监控、特种安全设施及应急救援等安全生产专用设备的研发制造，作为安全产业加以培育，纳入国家振兴装备制造业的政策支持范畴。”可见，安全产业的概念十分宽泛，不同国家或地区对安全产业的定义或认识存在一定差别（见表1-1）。

表1-1 全球部分国家（地区）安全产业概念

国家（地区）	安全产业概念
美国	维护基础设施、保障民众生命财产相关的产品与服务。具体包括通信设施、邮政设施、公共卫生、运输、金融、反恐、应急救援等提供安全保障的产品及服务
日本	与国际安全领域相关，可降低自然灾害损失，以及保障公众安心安全生活的相关产品与服务。具体包括门禁系统、自动探测报警系统、安全设备系统、影像监控系统、防盗安检系统、信息安全系统等
德国	包括安保、电子报警装置、消防设备、锁类、保险箱、保险柜、机械安全防护装置、安全技术等
韩国	韩国安全产业主要面向防灾、减灾领域，以及相关产业，如提供针对发生于国家范围内的各种自然灾害的技术、装备以及应急防护
英国	与美国相似，英国的安全产业主要面向自然灾害以及职业健康防护两个领域，近年来迅速成为一个全新的行业，专门针对各种人为或者自然灾害进行研究并提供技术及装备解决方案，其提出的“安全产业”（Safety Industry）主要是针对工作范围内的职业安全（Occupational Safety）领域，面向各种类型的企业提供职业安全事故预防培训和个体防护装备，范围和概念较小
中国台湾	为个人、家庭、企业、银行、政府部门、公共场所及重要基础设施提供安全防护产品、设备及服务的产业。核心产业可分为安全监控、公安消防、系统整合与服务等三大领域；关联产业则有健康照护、公共安全、无线宽带服务、绿色环保、智慧机器人等

资料来源：赛迪智库整理，2006年1月。

与新能源、生物、新能源汽车等新兴产业不同，虽然总体上安全产业处于初期发展阶段，但将安全产业作为独立新兴产业提出之后，其中许多细分产业早已存在于其他各个领域之中，如安全产业所包含的应急救援、个体防护、监测预警等分支，均早已存在并且发展较为成熟。同时还有许多细分产业被纳入了高端装备制造、新材料、节能环保等新兴产业的支持范畴内。安全产业相关的产品和服务业分散在许多领域，如工业安全、个体防护等，从这些领域的发展情况和特点出发，也可以从侧面反映出全球安全产业的发展概况。

第二节　发展情况

一、总体规模近年来提速明显

由于安全产业的概念不一，范围不同，不同机构估计的全球安全产业总体规模并不相同。据美国弗里多尼亚集团公司（The Freedonia Group）2015 年的最新报告显示，由于近年来全球范围经济形势的走弱，社会公共安全感进一步降低，近 5 年来全球安全产业市场平均增长率达到了 7.4%，预计 2016 年全球安全产业市场将达到 2440 亿美元的水平。The Freedonia Group 所指的安全产业，主要包括灭火器、火灾警报器、保险柜、闭路电视、电子门禁防盗系统、金属炸弹监控装置等。在一般情况下，随着城市化水平的提升，人们对安全服务的需求也随之上升，犯罪和恐怖主义活动的猖獗，人们安全意识也逐渐增强，让安全服务和装备的销售进一步走强，同时，安全服务也受到社会经济发展水平和建造行业的影响。

Homeland Security Research Corporation（HSRC）在 2015 年公布的报告则更加详细，报告专注国土安全与公共安全产业，调查了全球安全产业规模。报告数据显示，2015 年，全球安全产业销售收入和售后服务收入总计约 4160 亿美元（见表 1-1），预计 2022 年全球安全市场将达到 5460 亿美元。并且，随着传感器和 ICT 技术的逐渐成熟而创造的新市场利基和全新的商业机遇，传统由美国和欧洲占市场主导地位的局面将在全球版图上发生“东移”。并且根据联合国有关报告显示，自然灾害预防和应急装备市场规模在过去十年增长了 13%，2022 年将达到 1500 亿美元。

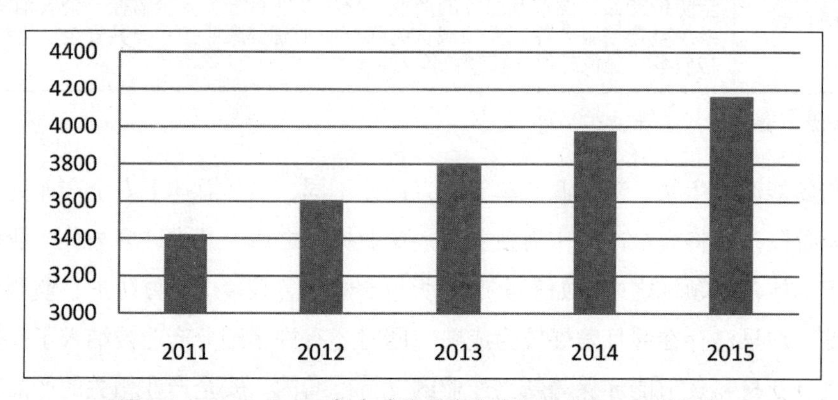

图1-1　2011—2015年全球公共安全市场（单位：亿美元）

资料来源：Homeland Security Research Corporation（HSRC）2015 年报告。

二、美国依旧保持安全服务产业最大市场规模

根据 The Freedonia Group 的报告显示，美国安全服务产业市场将继续领先全球，在 2016 年中将达到全球市场份额的 26% 左右。由于美国安全产业市场相当成熟，其市场规模在 2011—2016 年间基本占据全球五分之一左右的份额，其年度增长率甚至低于全球平均速度。其次是巴西市场，在 2011 年，巴西占全球市场份额的 7% 左右，预计 2016 年巴西的增长速度将略高于全球平均水平，成为及美国之后的全球第二大安全服务产业市场。美国和巴西合计将于 2016 年占据全球市场份额的 13% 左右。

三、龙头企业集聚趋势明显

当前，全球超过 90% 安全产业企业位于美国和欧洲地区，众多知名企业规模大，市场化程度高，销售额稳步增长，利润丰厚，竞争力强，引领全球安全产业的发展。并且，随着安全生产工作的关口前移，安全咨询服务成为安全监管部门和企业安全生产的基础工作与重要组成部分。安全咨询服务的有关理念方法，受到许多大中型企业和行业管理部门的高度重视，从而催生了一批专业从事安全服务的企业，其中美国杜邦公司在全球享誉盛名。全球主要安全技术装备生产企业见表 1-2。

表 1-2　全球主要安全技术装备生产企业

公司名称	国家	基本情况
3M公司	美国	2011年全球销售额为300亿美元，海外销售额195亿美元，占总额的66%。2012年第二季度营业收入达17亿美元，运营利润增长22.9%，实现每股收益1.66美元
MSA（梅思安）	美国	2012年第二季度净销售额为2.95亿美元，同比增长6%，净收入为2800万美元
Honeywell（霍尼韦尔）	美国	2011年全球总销售额为365亿美元，较2010年增长13%， 运营产生的现金流为28亿美元，其中约55%的营收来源于美国以外的地区。2004年至2011年，霍尼韦尔公司在中国的业务保持了21%的年复合增长率
Strata (斯特塔公司)	美国	2010年，中煤能源集团公司联姻斯特塔公司抢食救生舱市场千亿蛋糕，年产3000台救生舱，预计年销售收入将达45亿元
Sperian（斯博瑞安）	法国	2008年销售额为7.51亿欧元，在欧洲主板市场 (Compartment B) ——欧洲巴黎交易所的上市公司，后被霍尼韦尔公司收购
HALMA (豪迈集团)	英国	截止到2012年第一季度，持续经营的税前利润为1.205亿英镑，2011年为1.046亿英镑，增长了15%；营业收入 为5.799亿英镑，2011年为5.184亿英镑，增长了12%；高收益且持续增长，销售回报率为20.8%，2011年为20.2%

（续表）

公司名称	国家	基本情况
Draeger（德尔格）	德国	2012年1—6月净销售额为1072.7万欧元，同比增长 3.8%。其中医疗领域为685.7万欧元，安全领域为402.4万欧元。上半年息税前利润EBIT为93.7万欧元，税后利润为53.1万欧元
UVEX（优唯斯）	德国	年销售额为1.7亿欧元，业务遍及全球50多个国家
Pensafe（攀士福）	加拿大	积极参与美国国家标准研究机构(ANSI)坠落防护标准的拟定和更新，并成为最新的坠落防护硬件(连接件)标准撰稿人

资料来源：赛迪智库整理，2016 年 1 月。

安全技术装备细分领域中，个体防护装备产业集中度较高，少数国际大型企业占据 50% 以上的市场份额（见表 1–3）。

表 1–3　全球主要个体防护生产企业情况

细分领域	代表企业	合计所占市场份额
眼部防护装备	斯博瑞安（Seerian）、3M、优唯斯（UVEX）	50%以上
听力防护装备	3M、斯博瑞安	50%以上
呼吸防护装备	3M、梅思安（MSA）、斯博瑞安、德尔格（Draeger）	80%以上

资料来源：赛迪智库整理，2016 年 1 月。

四、细分领域特点各异

在安全装备和技术方面，据 The Freedonia Group 预计，2015 年全球安全装备市场规模将超过 1016 亿美元。未来市场增速将超过 7%，预计在 2022 年之前，年均增长率将达到 7.4%。从细分领域看，个别产业将获得超速发展。其中，个体防护装备全年产值约为 300 亿美元；道路安全产业全球总产值为 33.7 亿美元，预计 2019 年将增长到 57.3 亿美元，复合年增长率达 11.2%。从区域看，到 2016 年，北美地区的安全装备需求年增长率预计将增加到 6.5%，中国和印度将是近期安全装备需求上升最快的国家，年均增长率皆超过 10%。

在安全服务方面，随着全球经济改善和基础设施建设持续增长，尤其是巴西、中国、印度、墨西哥等发展中国家安全服务市场的持续发展，2010—2014 年私人签约安全服务年均增长率超过 7.4%，2014 年达到 2180 亿美元。预计到 2018 年，全球安全服务需求将以每年 6.9% 的速度增长，届时，市场规模将达到 2670 亿美元。分区域来看，亚洲、中南美洲、非洲和中东的发展中国家将是全球发展最快的市场，究其原因，与这些国家快速增长的经济、城市化进程、私人收入和外商投资推动等因素密不可分。巴西在2013年是紧随美国之后的全球第二大安全服务市场，预计到2018年前将以年均11%的增长速度发展。中国、印度、墨西哥和南非在全球安全服务市场中的份额虽然比巴西少，但增速也将达到两位数。

五、各国积极筹划布局

安全产业作为具有高增长潜力和高就业率的行业之一，是国家综合国力、经济竞争实力和生存能力的象征。特别是，在当前全球经济形势低迷的情况下，各国政府高度重视安全产业的发展。以欧盟为例，为确保欧洲在世界安全产业市场的领先地位，欧盟委员会早在2012年7月就发布了《欧盟安全产业政策》，这项政策在2013年和2014年逐步得到了落实。虽立足于提高安全产业竞争力，但并不局限于安全产业本身，而是试图通过构建安全产业来促进欧盟经济繁荣、国家安全和社会稳定。

基于日益激烈的国际竞争，欧洲企业在全球安全产业市场份额急剧下降。《欧盟安全产业政策》持续关注维护本地区安全、提升安全产品竞争力、创造安全产业商机等方面和领域。在该战略核心的“2020展望”中，多次提到“高经济增长率”和“高就业率”，并且行动计划的标题也直接指出是打造具有全球创新性和竞争力的欧洲安全产业，充分表明了欧盟委员会通过安全产业促进经济发展的决心。当前整个欧洲依然经济发展低迷、政府赤字居高不下、失业率持续增加。政府意识到了安全产业带来的经济机遇，出台具体的措施来应对美国、中国等强大对手的竞争压力，以抢占全球安全产业市场制高点，确保其“先行者优势”不会在与后者的竞争中丧失。

第三节　发展特点

一、科技投入成为企业提升自身实力的主要选项

无论企业选择什么样的发展模式，科技已成为企业降低生产成本、提高产品可靠性的有效手段。2014年以来，随着各国对科技进步的重视及全球科技的快速发展，节能环保技术、清洁能源、生物技术、先进材料等不断融入安全生产、

应急救援产品和装备中，尤其是云计算、物联网等新兴信息技术的应用，大幅提高了产品与装备的自动化、智能化水平。发达国家许多安全产业企业都非常重视科技的投入，如霍尼韦尔、德尔格等。这些大企业通过不断提高科技水平来降低生产成本、提高产品可靠性，实现企业长效发展。

二、信息技术水平日益提升

发达国家高度重视云计算、物联网等新一代信息技术在安全产业中的应用和推广，普遍积极利用计算机技术、网络化技术，致力于建立先进的管理信息系统，以期实现对国家信息资源的统一管理、数据规范和资源共享。如美国在其矿业采掘行业中大量采用了现代通信、信息网络、数据库、视频等技术，进行计算机模拟救援优化、虚拟现实远程操控等技术，建立了矿山安全生产信息系统，并且强力大面积在行业中推广应用，实现了在网络管理和数据处理中的计算机技术的规模化应用，大幅度减少了矿山意外险情，提高了矿山安全水平和救援效率；英国危险物质咨询委员会，则开展了针对重大危险源的识别、评价和控制技术研究，并高度重视信息管理、风险分析、决策支持和协调指挥等应急管理技术的应用，建立了统一协调、信息共享的应急平台体系，在决策支持、风险控制等发面发挥了重要作用。

三、跨国发展成为企业规模化选择

跨国发展是许多大型企业的发展方向，安全产业企业也不例外，发达国家许多大型的安全产业企业公司或集团的业务范围遍及多个国家和地区，如3M公司在全球65个国家和地区设有分支机构，在29个国家具备生产线，在超过35个国家中设有实验室，其业务范围涵盖全球近200多个国家，其中美洲地区占50%、欧洲占45%、其他地区占5%。跨国发展是企业实力的象征，同时跨国发展也存在着许多优势，如人才优势、市场优势、融资优势、区位优势、与当地政府相结合而形成的优势等，跨国公司利用这些优势实现自身的规模化发展。

表1–4　独资、合资形式进入中国市场的部分国外企业

企业名称	地点	分公司名称	主要经营范围
霍尼韦尔	上海	霍尼韦尔（中国）公司	安全、火灾与气体探测，防护设备，消防系统、消防救援防护装备、消防外设，高级纤维和合成物

（续表）

企业名称	地点	分公司名称	主要经营范围
杜邦	深圳	杜邦中国集团有限公司	杜邦安全防护平台致力于开发解决方案，保护人民的生命、财产、业务经营和我们赖以生存的环境。包括食品、营养、保健、防护服、家居、建筑甚至环境方案
3M	上海	3M中国有限公司	职业健康及环境安全、防腐及绝缘、反光材料、防火延烧、交通安全
梅思安	无锡	梅思安(中国)安全设备有限公司	行业内个人防护装备及火气监测仪表的最大制造商；呼吸防护产品，头、脸、眼、听力、手、足、身体防护产品，跌落防护产品，消防设备产品，便携式和固定式仪表产品
德尔格	北京	北京吉祥德尔格安全设备有限公司	重点关注个人安全和保护生产设施；固定式和移动式气体检测系统，呼吸防护、消防设备、专业潜水设备，酒精和毒品检测仪器
斯博瑞安	上海	巴固德洛（中国）安全防护设备有限公司	专注于个人防护产品；产品范围涉及全系列头部保护产品（眼/脸部、听力和呼吸）和身体防护产品（坠落、手套、防护服和安全鞋）
奥德姆	北京	北京东方奥德姆科技发展有限公司	气体检测设备
优唯斯	广州	优唯斯（广州）安全防护用品有限公司	头部防护（安全眼镜/矫视安全眼镜/激光防护安全眼镜/安全头盔/听力保护/呼吸防护）、躯体防护、足部防护和手部防护

资料来源：赛迪智库整理，2016年1月。

表1-5　通过代理商进入中国市场的部分国外企业

企业名称	国家	主要产品
DPI公司	意大利	呼吸防护器及空压设备
Draeger公司	德国	呼吸器
METROTECH公司	美国	探测仪
ITI公司	美国	安防、火警报警系统
RAE公司	美国	气体检测仪
Aearo公司	美国	个人防护用品

资料来源：赛迪智库整理，2016年1月。

四、企业呈现多元化、专业化发展格局

发达国家安全产业企业经过长时间发展壮大，主要产生了两种发展模式（见表1-6）：一种是从事的安全产业相关产品种类较多，呈多元化模式发展。多元化发展的企业追求安全产业产品的“大而全”，产品涉及产业上下游的方方面面，同时注重产品的集成及成套安全装备的研发，典型代表如霍尼韦尔、3M、杜邦等公司。另一种是企业推出的产品种类较为单一，企业走专业化模式路径。这类企业追求安全产业的“小而精”，始终保持自身产品在技术和性能等方面走在行业前沿，典型代表如梅思安（MSA）、德尔格、斯博瑞安（Sperian）等公司。企业在发展过程中根据自身实力和特征的差异，选择适合企业发展的路线，不同的发展模式是企业根据市场、自身技术实力自然发展的结果。

表1-6 国外先进安全产业企业两种发展模式

模式	发展特征	特征	优势
多元化	追求产品覆盖产业上下游的“大而全”发展模式，产品涉及各种类目	企业实力雄厚，具备较强的资金、技术、人才等基础	充分发挥企业自身在资金、人才等方面的优势，提升企业整体实力；利于实现资源的优化配置，降低生产成本；利于实现成套设备的生产，提高设备的整体性能
专业化	追求产品研发和出品的“小而精”发展模式，保持自身产品在技术和性能等方面始终处于行业领先地位	企业实力一般，集中精力发展某一类或几类产品	解决了自身资金、人才等资源不足的问题；利于提高产品的质量和可靠性，实现产品的高端化发展

资料来源：赛迪智库整理，2016年1月。

第二章　2015年中国安全产业发展状况

第一节　发展情况

安全产业在我国是一个比较新的概念。2010年，国发23号文首次在国家层面上提出培育安全产业的概念和要求；2011年，国发40号文提出把安全产业纳入国家重点支持的战略产业。2012年8月，工信部会同国家安全监管总局联合发布了《关于促进安全产业发展的指导意见》，明确界定了安全产业的定义和基本范畴，提出了安全产业的发展方向、重点任务和具体措施；财政部会同国家安监总局制定的《企业安全生产费用提取和使用管理办法》，规定重点企业应提取安全生产费用，用于完善和改进企业安全生产条件，全国目前每年安全生产费用规模超过1万亿元。这一系列决策、部署及政策措施有力地推动了安全产业发展。

一、产业规模不断扩大，市场前景广阔

在世界范围内，安全生产发展总体处于初期阶段，基本范畴还没有统一标准。在我国，安全产业是指"为安全生产、防灾减灾、应急救援等安全保障活动提供专用技术、产品和服务的产业"。自国务院首次提出发展安全产业以来，特别是工信部与国家安监总局印发指导意见以后，我国安全产业呈现了良好的发展势头，出现了以重庆、江苏、安徽、湖北、吉林等地为代表的安全产业集聚发展区。据初步调查，经过5年培育期，目前我国安全产业规模已超过4000亿元，企业超过2000家，其中，制造业生产企业占比约为60%，服务类企业约占40%，2015年安全产业进入快速发展期。分区域来看，东部沿海地区安全产业规模相对较大，不少优秀企业迅速崛起，销售额稳步增长，利润丰厚，竞争力强，引领区域安全产业发展。2015年中国劳动防护行业前10强企业名单见表2–1。

表 2-1　2015 年中国劳动防护行业前 10 强企业名单

序号	企业名称
1	霍尼韦尔安全防护设备（上海）有限公司
2	圣华盾防护科技股份有限公司
3	江苏邦威服饰有限公司
4	江苏成龙服饰科技有限公司
5	扬州千禧龙鞋业有限公司
6	陕西美神服装有限责任公司
7	浙江蓝天制衣有限公司
8	天津双安劳保橡胶有限公司
9	西安赛狮鞋业有限公司
10	江苏盾王劳保用品有限公司

资料来源：中国安全生产协会，2015 年 11 月。

二、重点领域和重点产品引领产业发展

2015 年，针对我国安全生产情况和特点，重点研发了道路交通、建筑施工、煤炭矿山、市政管网、消防化工、应急救援等重点多发易发领域的安全保障技术，跟踪聚集全球最先进科研成果和装备设备，推出了一批重点产品和项目，引领我国安全产业的发展（见表 2–2）。特别是刚刚成立的中国安全产业协会积极发挥政府与企业之间的桥梁和纽带作用，2 月 8 日，中国安全产业协会联合天津市宝坻区、口东经济开发区共同举办了“新一代智能安全产品现场演示会”，对于相关安全产品的应用和推广起到了积极的促进作用。另外，协会还积极与各级政府部门和相关企业沟通，筹备多项高科技安全产品和技术的现场演示会、试点应用示范等工作，如“送安全无毒燃烧新技术（AQ 技术）下乡”扶贫项目，意在激发我国安全产业潜在市场，加速安全产业发展。AQ 技术是以甲醇为主要原料，使用专用的化学触媒将甲醇分解为不产生甲醛的成分，再经特殊装置将其气化后在灶具内进行燃烧的新型供热方式，具有安全无毒、无烟无尘、经济便捷等优点，可广泛用于家庭、宾馆饭店、单位食堂等烹饪及冬季采暖等方面。随着这项技术的不断深入发展，将极大促进我国先进安全技术的落地发展。

表 2–2　重点领域推广的部分产品和技术

领域	重点产品和技术
道路交通安全	重点研发安全标准道路防撞护栏系列产品；汽车防撞、防爆、防翻、防烧设施；重点载人车辆和特种作业车；固态氢安全节能环保装置、撬装式加油站、防爆危化运输车系列产品；驾驶员安全信息监控系统和数据库；危化品生产、经营、储存、运输、使用、销毁六个环节全程动态监控系统等
建筑施工	重点研发现场安全标准化系列装备及设施；施工现场安全全过程全方位自动抓拍监测监控系统；新型安全节能环保泡沫建材等
煤炭矿山	重点研发深化矿山井下“六大系统”；光干涉移动瓦斯监测监控智能联网；矿山消防自戴氧气发生器等
市政管网	重点研发城市下水道管网改造提升、化粪池无害化防爆监测监控物联网系统；污水处理的生物倍增技术；高层电梯安全智能监测监控应急救援系统；安全智能立体停车场
消防化工环保	重点研发高层消防应急救援逃生系列项目；电子监控智能监控逃生技术；移动应急固废无害化处理车；新型国标危化车；地沟油消污机等
应急救援	重点研发应急救援八大移动车；应急救援科技信息新技术和产品；道路交通事故航测证据固化系统等
安全服务	重点在应急培训实训领域，将基础理论培训、现场装备设备实训、安全技能和应急逃生仿真模拟实训于一体，对监管执法人员、学校学生、企业领导和特种从业人员、机关人员和城乡居民进行全方位仿真模拟体验式培训实训，提高全民安全意识和应急逃生技能，实现自我安全型市民

资料来源：赛迪智库整理，2016 年 1 月。

三、产业集聚效应显著，示范园区加快发展步伐

安全产业园区建设是安全产业企业集聚发展的载体和根本。当前，安全产业园区正进入快速发展期，特别是中国安全产业协会的成立，极大地推动了我国安全产业集聚发展。2015 年 12 月，安徽省合肥市高新区被工信部和国家安全监管总局授予“国家安全产业示范园区创建单位”，成为继徐州、营口创建专业性安全产业园区之后，被批准创建的全国唯一一家综合性安全产业示范园区。此外，中国安全产业协会先后授予湖北省襄阳市、安徽省马鞍山市“全国安全产业示范城市”称号；四川省泸州市江阳区被列为“全国安全产业示范基地”；同时，济宁、太原、吉林等地也纷纷提出设立安全产业示范园区的申请。

以我国首家“全国安全产业示范城市”湖北省襄阳市为例，据不完全统计，2014 年襄阳市规模以上工业总产值超过 5000 亿元，在汽车产品、装备制造、医药化工、新材料等领域颇具发展优势，为未来大力发展安全产业提供了良好的条

件。2014年，该市安全产业实现产值121亿元，同比增长23%，有处置救援类企业9家、消防处置类企业9家、应急服务类企业6家、预防防护类企业5家。襄阳市政府高度重视安全产业发展，旨在把安全产业打造成为襄阳新的“城市名片”和新的经济增长点，推动工业转型升级。襄阳下一步将实施三个合作项目：一是开展新型燃烧技术市级试点项目；二是全国危险化学品安全储运示范工程；三是发展智能安全汽车，通过互联网+汽车制造，打造智能安全汽车制造试点示范项目。

四、以创新为抓手，大力促进产业投融资体制建设

设立安全产业发展投资基金是促进安全产业投融资平台建设的实质性举措。2015年11月5日，工业和信息化部、国家安全生产监督管理总局、国家开发银行、中国平安在北京签署了《促进安全产业发展战略合作协议》，将组建国内首只安全产业发展投资基金，规模将达1000亿元。该基金拟重点支持安全领域新技术、新产品、新装备、新服务业态的发展。此次基金的设立，是应对我国安全产业发展中面临的市场活力不足、企业融资困难、投资渠道不畅等问题的有力举措，是贯彻国家战略与市场机制有机结合的创新实践。这一引导基金将发挥“四两拨千斤”的作用，随着金融业务全面展开，必将推动社会资本投资安全产业，对推进安全产业重点领域突破和新兴产业整体提升将发挥重要作用。

安全产业投资基金签约各方提出了“优势互补、强强联合、互惠互利、合作共赢”的原则，工信部将在行业规划、政策指导、标准制定、产业布局、组织协调等方面发挥重要作用；国家安监总局将大力促进安全技术、装备推广应用；国家开发银行将在市场开拓、信用建设和资金融通等方面发挥优势；平安集团将在银行信贷、融资租赁等方面提供全方位的综合金融服务。上述各取所长的联手，对于支持安全产业中安全领域新技术、新产品、新装备、新服务业态的发展，政产学研用金相结合，通过培育以企业为主体、市场为导向的安全产业创新体系建设，着力解决制约我国安全技术和装备发展中的共性、关键性难题，提升我国安全技术和装备的整体水平，提高全社会的本质安全水平具有重大意义。

随着我国实施制造2025、互联网+等“制造强国”战略行动，安全产业也将得益于互联网、智能机器人、智能制造、新型能源、新型传感器等新技术的应用，将从被动防护为主，逐渐转向主动安全为主，进而全社会实现本质安全的目

标。从单纯的劳动防护用具，转向智能化、全方位监控乃至特殊危险领域的“机器换人”等。在这方面，安全产业基金在支持安全产业发展中将扮演重要角色。

五、中国安全产业协会工作稳步推进，极大促进安全产业发展

2015 年是中国安全产业协会成立的第一年，充分发挥了企业与政府间的桥梁、纽带作用。首先，在企业间的影响力日益深远。会员单位从最初成立时的 251 家增加到 500 多家，覆盖电子信息、化工、机械制造、智能家居、新能源、生物技术、环保、安防、物流、光电子等与安全产业相关的各行各业。其次，中国安全产业协会物联网分会、消防行业分会、矿山分会和建筑行业分会相继成立。这些分会的成立，将进一步促进这些行业的科学化发展，优化行业发展环境，为安全产业的发展打下坚实的行业基础。再次，中国安全产业协会先后授予湖北省襄阳市、安徽省马鞍山市“全国安全产业示范城市”称号；四川省泸州市江阳区被列为“全国安全产业示范基地”。最后，协会在河北张家口设立办事处，将为协会充分发挥为政府、会员、社会服务的宗旨，提供更大的契机。总之，协会在成立初期通过运作机制创新、会员服务模式创新、市场开发机制创新等手段，在政策研究、标准制订、产品推广、市场开拓、投资服务、信息交流等方面，为政府和企业提供了高效、优质、满意的市场化中介服务，助力国家财政、金融等一系列政策的落实，极大推动了我国安全产业发展。

第二节　存在问题

一、安全产业规模较小，龙头企业带动作用缺乏

目前，我国安全产业规模已超过 4000 亿元、企业超过 2000 家，安全产业已取得较快发展，但与经济发达国家相比，我国安全产业产值占比较小，尚属于弱势产业。究其原因：一是尽管明确规定了安全产业的定义，但政府相关部门及企业对安全产业认可度相对较低；二是国家统计局目前尚未有安全产业的专门统计口径，国家发改委也没有该产业目录。产业的社会认可度缺失，影响和制约了安全产业的发展。从实际情况看，以安全产业发展较好的合肥为例，安全产业为合肥高新区第二大产业，但与位列第一的家电制造产业相比，相差甚远。

龙头企业因其技术含量高、效益好、整合性强、带动效应明显等特征，具有

较强的集聚效应。形成产业集群后，将通过多种途径，如降低成本、刺激创新、提高效率、加剧竞争等，提升整个区域的竞争能力，并形成一种集群竞争力，这种新的竞争力是非集群和集群外企业所无法拥有的。目前，合肥安全产业园虽拥有中国电科38所、四创电子等电子行业内翘楚，但其余数百家企业主营业务收入不足家电制造企业的三分之一，而且尚未有国际一流的安全产业巨头入驻园区，产业集聚效应仍未形成。

二、支持政策亟待落实，产业发展扶持力度不够

安全产业支持政策急需落实。一是继续完善安全产业相关的金融政策。特别是充分发挥保险的约束机制。保险业与安全产业是一对天生的合作伙伴，并且在国外已取得了一定的发展。但目前我国企业投保的积极性不高，覆盖率较低，且险种较少。安全生产责任险也多集中在高危行业，亟待向安全生产重点领域扩展。在一定程度上说，保险费的确定与企业的危险等级、安全生产状况联系较弱，未来企业保险费率的调整是一个必然的趋势。应增加强制手段，强化对企业主体责任的要求，减轻对从业人员的保险责任要求，加大保险费率浮动与上年度安全生产状况挂钩力度等。二是产业标准有待完善，产业发展需加强规范。标准对于产业的发展具有重要的支撑作用。由于缺乏相关标准，安全产品之间的不兼容、不配套问题直接影响了生产安全保障和事故救援的效率。如矿用救生舱，相关研发及生产企业按照自己的研发思路生产产品，而国内还无统一的技术标准规范，阻碍了市场的快速发展。并且，随着科学技术的快速发展，生产方式的不断变革，安全产业相关标准中，老标准不适应、新标准跟不上、修订不及时等标准方面的矛盾日益彰显。

三、产业趋同化竞争严重，未充分发挥本土优势

从已有的安全产业园区定位来看，产业内容相对单一。除西部安全（应急）产业基地的产业综合发展外，其他园区多集中在产品制造方面，尤其是矿山安全产品、应急救援产品，安全服务业和其他行业领域的安全产品十分缺乏。特别是有些安全产业园区为短期内形成大规模产能，基本上延续了“投资驱动”和“规模扩张”的老路，未经深入调研，不顾当地产业集聚的条件，进行盲目建设，致使一些园区名称不同，内容雷同，同质化现象非常严重。

因地制宜，发挥优势，是产业布局规划最核心最基本的原则。从目前安全产

业各园区规划来看，在考虑做大做强园区产业规模的对策建议时，无一例外地都提到加大招商引资力度。如徐州在发展应急产业时，也强调了引进国外的龙头企业，但徐州本地便拥有徐工集团这样的我国工程机械领域的翘楚，生产的大型起重机、挖掘机、破障机等本身就可作为抢险救援工程机械。同时，徐州市的安全产业主要集中在高新区内，园区内产值规模最大的四家企业分别是徐州天地重型机械制造有限公司、肯纳金属（徐州）有限公司、爱斯科（徐州）耐磨件有限公司和徐州良羽科技有限公司。这些企业生产的产品种类众多，技术先进，短时间内足以满足园区内安全产业多领域发展的要求。

四、安全科技基础薄弱，科技成果转化仍需加强

科技实力是安全产业发展的科技基础。由于我国产业基础薄弱，而且科技实力起步晚，很多关键技术没有很成熟。支撑安全科技研发的检测检验、试验测试、安全科技支撑体系建设相对滞后，整体规划和系统设计不完善。一方面，产学研互动性还不强，“有技术没产业，有产业没技术”，科研院所产业化动力不足，产业科技“两张皮”现象突出，科技研发和产品推广缺乏足够支持；另一方面，已经成立的科研院所，如“合肥公共安全技术研究院”应当是该产业发展的一个很好平台，但由于其责权利尚不明确，运行机制尚不完善，因此各项工作还未步入正轨，平台作用也还未得到有效发挥。

五、高端人才缺乏，不利于自主创新能力提升

安全产业属于跨领域整合型的产业，涵盖范围几乎遍及各个领域。人才是自主创新能力提升的基础，安全产业高端人才“引不来、留不住”的现象较为突出。例如，合肥市是中部地区距离长三角最近的省会城市，是长三角向中部地区产业转移和辐射的最接近区域，与北京、上海、广州等发达地区相比，在吸引人才方面不存在优势，特别是高级人才资源相当匮乏。如何创造条件，引进国内外安全产业领域复合型人才是合肥市发展安全产业面临的挑战。

第三节　对策建议

一、苦练内功，提高企业核心竞争力

目前，我国安全产业发展仍处于初期，需求旺盛，市场前景广阔。许多企业

为争夺市场，容易搞价格战，进行恶性竞争，终将走向失败。只有不断苦练内功，强化核心技术竞争力，提高产品质量才是企业生存的关键。一是构建坚实的技术研发团队。企业要想走出低价格、低利润竞争的恶性循环，必须高度重视关键安全技术研发，用具有竞争力的技术成果支撑产品质量优化。二是加强技术的前瞻性与市场的导向性的有机结合。新产品、新技术必须紧跟产业发展趋势，只有基于市场需求的研发投入，才能够为我国安全企业的创新不断注入活力，才能在第一时间内发现市场需求，并且拥有解决需求的能力。三是积极参与各级标准制定工作。将实际生产过程中的经验总结反馈到标准制定，坚持“编用结合”，全面实现安全产品结构、性能和功用的提升。四是鼓励有实力的大型企业通过参股、控股或兼并等方式进入安全生产装备领域，加快形成一批具有产业优势、规模效应和核心竞争力的大公司、大集团。

二、因地制宜，积极塑造特色产业

各园区应结合自身产业特色、发展优势等，塑造园区竞争新特色。例如，重庆市侧重发展应急产业、江苏徐州大力推动矿山物联网建设、辽宁营口以安全（应急）装备为核心、安徽合肥以新一代信息技术应用为重点等，均充分发挥了比较优势，使特色产业的竞争力更加凸显，激发了产业活力，增强了区域产业整体竞争。为此，一是合理选择投资热点。针对安全产业覆盖面宽、产业链长的特点，结合本地区安全产业各相关行业的特定发展阶段，不同领域选择适合的发展模式；综合考虑技术生命周期、技术水平、产业要素资源、市场环境等，准确分析安全产业发展趋势，结合现有产业的发展基础和地区优势，合理选择本地区的安全产业发展重点，以优势产业带动园区快速发展。二是探索发展。地方政府应该从全国、区域、城市群等视角出发，充分考虑本地区安全产业战略定位，结合未来周边区域的发展重点，选择各区域长远发展的特色优势产业。在条件相对成熟的地区，鼓励开展先行先试。

三、注重创新，支持关键技术研究

科技进步是社会发展的原动力。安全产业服务社会，最根本的是提高安全保障的科技含量。依靠创新驱动，以科技信息技术改造提升安全产业。一是加大对自主创新的投入。设立国家自主创新能力提升专项基金，重点对国家科技支撑项目、关键与共性技术攻关、国家实验室和国家重点实验室等创新平台和重大新技术产业化进行支持。二是支持关键安全技术研究。建立政产学研用相结合的安全科技创新体系，着力解决制约我国安全技术和装备发展的共性、关键技术难题。如车联网、地下管网安全监控系统、普通公路危险路段智能防护栏等。三是支持安全技术产业化。尽快出台《安全技术和产品指导目录》，重点支持安全领域新技术、新产品、新装备的产业化，逐步形成一批集成性强、技术含量高、市场容量大、应用广泛、社会经济效益显著的核心技术和拳头产品，提升企业自主创新能力和安全技术发展水平，努力打造若干千亿级、万亿级安全产业新市场。

四、建立健全安全产业金融服务体系

引导安全产业深入加强与金融机构合作，拓宽融资渠道，吸引优质资本和项目，鼓励创新，建立健全安全产业金融服务体系。一是要认真贯彻国家战略与市场机制有机结合的创新实践。在中国安全产业投资基金建设和运营过程中，要通过市场化运作和专业化管理，在贯彻落实好国家战略目标的基础上，努力为基金投资者创造良好回报，吸引更多产业资金注入，催生更多更好的安全产品，形成国家战略服务于产业市场、市场效益反馈国家战略的良性循环。二是要认真研究，优化安全投入的合理流向。要根据行业特点，按高危行业、一般行业等规划资金结构，同时积极统筹和优化资金的使用。重点支持技防和物防等有助于本质安全水平提升的安全产品目录，在合理管控风险的前提下，积极探索、创新投融资模式，支持安全生产领域新技术、新产品、新装备的研发与产业化。三是要加强资金使用的监督和审计，采取竞争性扶持方式，“多中选好、好中选优”，不搞平衡，确保支持的项目真正符合产业的发展要求，重点发展。引导放大，充分发挥专项资金杠杆作用和乘数效应，引导社会资本投入，带动产业发展。四是利用好政企合作新模式。通过中国安全产业协会这一桥梁纽带联结政企，加强政策、技术、金融等方面的信息流通，构建顺畅的沟通合作机制。利用现有政策和资金渠道，建立以政府扶持为引导、企业投入为主体、多元社会资金参与的投入机制。

五、规范安全产业示范园区建设

安全产业示范园区的建设可以有效且有力地促进地方经济的发展和安全技术装备的产业升级。安全产业示范基地的建设不是一朝一夕就能做好的，授牌也不是建设工作的终点而是新的起点。为保障安全产业示范基地的有序发展、健康发展、持续发展，一是制订科学的安全产业发展规划，以现有安全产业示范园区、示范基地、示范城市为基础，结合其在制造业、服务业等领域的已有优势，将安全产业作为战略性新兴产业加以大力培育和发展，选准选好项目，以具体项目的实施促进企业转型升级和技术创新，共同打造具有发展特色的安全产业示范园区。二是抓紧建立安全产业基地的标准化体系。研究制定安全产业示范基地标准、管理办法，示范企业和项目目录等政策性文件，并随着科技、管理的创新逐步提高安全产业示范基地的创建标准，严格准入条件。三是坚持对已授牌的安全产业示范基地进行跟踪指导，各地要同步制订推进安全产业示范基地建设工作的具体办法，明确相应的支持措施，集中各类扶持鼓励政策，发挥政策的组合拳作用，形成合力，推试点、促创新。四是要对示范基地进行定期回访和不定期复查，确保各示范基地时刻绷紧安全发展这根弦，确保各示范基地的安全产业发展符合示范要求，对于不达标准的示范基地要进行通报甚至撤销。

行 业 篇

第三章　道路交通安全产业

第一节　发展情况

道路交通安全产业是为道路交通安全领域的安全保障活动提供专用技术、产品和服务的产业，是安全产业的重要分支。道路交通安全产业市场大体可分为三部分，包括汽车安全装置、道路交通安全基础设施和安全监控、管理与服务系统。

一、道路交通基本情况

汽车保有量不断增加。截至2015年6月底，我国汽车保有量达到1.63亿辆（包括三轮汽车和低速货车），与2014年底相比，增加了857.7万辆，增幅为5.55%，据预测，2020年，我国汽车保有量将超过2亿辆。截至6月底，全国汽车保有量超过百万辆的城市有38个，其中北京、成都、深圳、天津、上海、重庆、苏州、郑州、杭州、广州、西安等11个城市汽车保有量超过了200万辆，北京市汽车保有量达到527万辆。

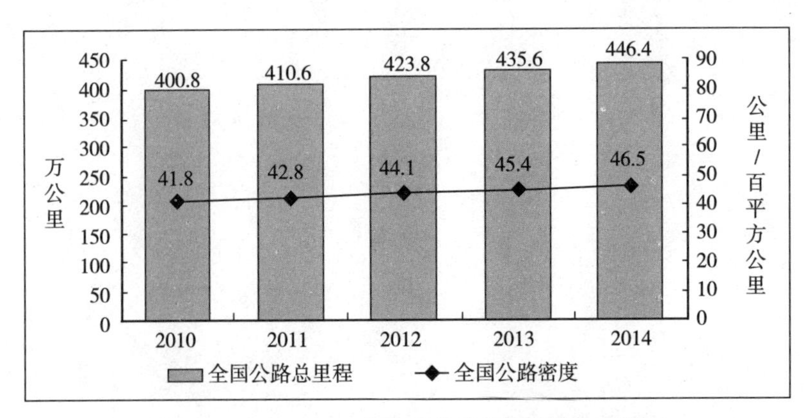

图3-1　2010—2014年全国公路总里程及公路密度

资料来源：交通运输部，2016年1月。

公路里程不断增长。截至2014年末，全国公路总里程达到446.4万公里，比2013年末增加了10.8万公里。公路密度为46.50公里/百平方公里，提高了1.1公里/百平方公里。公路养护（见图3–1）里程为435.38万公里，占公路总里程的97.5%。

机动车驾驶人数量呈现大幅增长趋势。截至2015年6月底，我国机动车驾驶人数量达到3.12亿，其中汽车驾驶人数量为2.63亿，占全国驾驶人总量的84.36%，与2014年底相比，新增驾驶人948.5万人。从驾龄看，驾龄不满1年的驾驶人数量为3349万，占全国驾驶人总量的10.75%。从全国情况来看，广东、山东、江苏、河南、四川、浙江、河北、湖北、湖南、广西、辽宁、江西、云南、安徽14省（区）驾驶人数量超过1000万人，广东、山东、江苏3省驾驶人数量超过2000万人。

二、交通安全基础设施发展情况

我国交通安全基础设施建设加速发展。2014年11月，国务院办公厅印发《关于实施公路安全生命防护工程的意见》（国办发〔2014〕55号）；2015年3月，交通运输部印发《现有公路实施安全生命防护工程方案》。随着一系列文件的出台，全国各地区积极开展公路安全生命防护工程的建设，道路交通安全基础设施建设进入加速发展阶段。公路安全生命防护工程分阶段工作目标如表3–1所示。

表3–1　公路安全生命防护工程分阶段工作目标

时间	目标
2015年底前	全面完成公路安全隐患的排查和治理规划工作，健全完善严查车辆超限超载的部门联合协作机制，并率先完成通行客运班线和接送学生车辆集中的农村公路急弯陡坡、临水临崖等重点路段约3万公里的安全隐患治理
2017年底前	全面完成急弯陡坡、临水临崖等重点路段约6.5万公里农村公路的安全隐患治理
2020年底前	基本完成乡道及以上行政等级公路安全隐患治理，实现农村公路交通安全基础设施明显改善、安全防护水平显著提高，公路交通安全综合治理能力全面提升

资料来源：赛迪智库整理，2016年1月。

2015年，全国多地按照有关文件要求，加大对道路交通安全基础设施建设的投入。以山东、内蒙古为例，山东省计划2015年至2017年投资1000亿元实施公路安全生命防护工程。2015年以来，山东省全面开展路况调查和风险评估工作。截至11月中旬，排查普通国道、省道里程26226公里，确定安全隐患路段 6106 公里；排查县道 23896 公里、乡道 32370 公里，排查出安全隐患 27180 处、29533 公里。根据道路安全隐患排查情况，山东省计划总投资超过 1000 亿元，利用 3 年时间实施以公路基础设施整治和路域环境综合整治为重点的安全整治提升工程。2015 年 10 月，内蒙古自治区人民政府办公厅印发了《关于实施公路安全生命防护工程的实施意见》，计划在全区范围内实施公路安全生命防护工程，提出“坚持公路建设、管理、养护与安全并举，全力整治公路安全隐患，不断完善安全设施，依法强化综合治理，全面提升公路安全水平”。资金保障方面：经营性收费公路的安全设施完善资金由收费企业自行承担，普通国省干线通过现有资金渠道予以保障，农村公路由旗县级人民政府财政预算内资金给予保障，自治区本级财政予以适当补助。并提出引导相关企业参与、鼓励社会捐赠、探索保险引入机制等拓宽资金来源渠道的要求。

三、交通安全事故情况

经过多年的治理，我国交通安全事故起数和死亡人数逐年下降，但事故起数和伤亡人数总量依然较高，每年发生各类交通事故近 20 万起，伤亡数十万人，直接经济损失 10 亿元左右，间接经济损失更是不可估量，道路交通安全形势十分严峻。首先，万车死亡率依然较高，2014 年，我国道路交通万车死亡率下降为 2.22（见图 3–2），仍远高于美国、日本等发达国家。其次，道路交通重特大事故仍时有发生，数据显示，2014 年，我国共发生 4 起一次死亡 30 人以上的特大安全生产事故，其中有 3 起为交通事故，共造成 138 人死亡、29 人受伤，直接经济损失超过 1.7 亿元。2015 年前三季度，全国共发生 26 起重特大安全生产事故，其中交通事故 14 起，占比 53.8%。

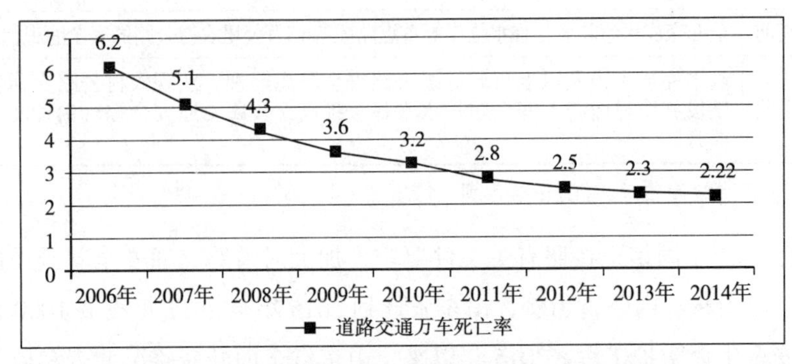

图3–2　2006—2014年我国道路交通万车死亡率

资料来源：国家统计局，2016 年 1 月。

第二节　发展特点

一、道路交通安全产业市场潜力未充分激发

我国道路交通安全市场潜力巨大。我国是汽车大国，2014 年，汽车产销分别为 2372.29 万辆和 2349.19 万辆，同比增长 7.26% 和 6.86%，产销量连续 6 年蝉联全球第一。其中，乘用车产销 1991.98 万辆和 1970.06 万辆，同比增长 10.15% 和 9.89%；商用车产销 380.31 万辆和 379.13 万辆，同比下降 5.69% 和 6.53%。2015 年 1—9 月，我国汽车产销分别为 1709.16 万辆和 1705.65 万辆，与 2014 年同期基本持平。汽车工业的快速发展中蕴含着巨大的道路交通安全产业潜在市场。

我国道路交通安全产业市场未充分激发。数据显示，经济发达国家的安全产业产值占国家 GDP 的比重可达 8 %，而目前我国正处在城镇化和新型工业化加速发展阶段，安全产业产值所占 GDP 比重还不高，以吉林省为例，《吉林省人民政府关于推进安全产业发展的实施意见》数据显示，全省 2012 年安全产业总产值为 90 亿元，仅占 GDP 的 0.75%，按照吉林省规划的目标，到 2018 年，安全产业产值占 GDP 比重也仅能够达到 2.5%，依然较低。另一方面，我国每年因各类安全事故导致的经济损失占 GDP 的比重却高达 6 %，安全产业发展具备较大的市场空间。道路交通安全产业作为安全产业的重要分支亦是如此，每年我国因道路交通事故造成的直接经济损失高达 10 亿元，间接损失更是不可估量，道路交通安全产业市场潜力巨大。但目前我国交通安全基础还较为薄弱，安全投入“欠账”较高，道路交通安全产业产值依然较低，潜在市场有待充分激发。

二、汽车主动安全市场发展迅速

汽车主动安全技术的普及能够降低交通安全事故发生率，大幅提升驾驶的安全性。研究显示，我国 80% 以上的交通事故与驾驶员注意力不集中、判断失误等因素有关，如 2015 年 3 月 1 日，深圳宝安机场发生的一起严重交通事故，造成 9 人死亡，23 人受伤。初步调查显示，女司机“误把油门当刹车”可能是事故的直接原因，公开报道显示，类似误操作导致的严重伤亡的事故时有发生。如果车辆配置了 AEB 等主动安全系统，有相当一部分发生紧急情况时司机没有采

取刹车措施或“误把油门当刹车”的事故能够避免。

随着我国汽车工业的发展，汽车安全配置已从原来的安全带、安全气囊等被动安全向主动安全转变，安全性能大幅提升。特别是近几年，随着汽车主动安全技术的逐渐成熟及成本的大幅降低，ABS、ESP、ADAS、AEB等汽车主动安全配置已由高端车向中低端车延伸，ABS已经在家庭轿车中基本普及，ESP也在部分10万元左右的车型中可见，AEB也出现在了一些20万元以下的车型中。以AEB为例，发明三点式安全带、以领先业界的安全技术而闻名于世的沃尔沃在其S60、XC60等车型中装载了“汽车自动防撞系统”；丰田则计划于2018年前完成旗下所有车型“汽车自动防撞系统”的装载。汽车主动安全技术发展迅速，很多技术逐渐成为标配，汽车主动安全市场规模也随之快速增长。

三、车联网市场潜力巨大

车联网时代即将来临。目前，美、韩、欧洲等发达国家和地区积极部署V2X技术，有关的法规政策正在逐渐形成，标志着V2X技术走向成熟。V2X作为车联网的关键技术，重在实现“车对外界”的信息交换，随着V2X技术的成熟，智能交通即将步入车联网时代。V2X的应用被提上日程起源于美国新泽西州和佛罗里达州的两起严重校车事故，美国国家运输安全委员会对事故调查后，向美国公路交通安全管理局（NHTSA）提交的报告中指出，如果肇事车辆上安装能与其他车辆进行通信的系统，这两起事故就完全能够避免，并建议NHTSA开始进行V2X的授权工作，发布安装此项技术的最低性能要求。目前，美国已出台相关法规，对销售的新车提出必须加装V2X模块的要求，无论是本土生产的车辆，还是进口车辆都必须执行；欧洲方面，2016“欧洲走廊”计划中，提出在沿途的基础设施上加载V2X模块，以实现车辆与基础设施间的信息交互；韩国计划2017年部署V2X模块；新加坡计划2018年部署。

车联网是智能交通的重要阶段，社会和经济效益显著。在“互联网+”的时代背景下，交通智能化是大势所趋，车联网是智能交通的重要阶段，车联网可实现交通事故大幅降低、交通拥堵显著减少、汽车能耗达到最佳，并蕴含巨大的商机。降低事故方面，NHTSA曾预测，搭载V2X技术的中轻型车辆能够避免80%的交通事故，重型车辆能够避免71%的交通事故；搭载V2X技术的车辆能够避免12%的交通事故。缓解拥堵方面，可使堵塞减少60%，短途运输效率提高70%，使现有道路网的通行能力提高 2—3 倍。降低能耗方面，停车次数可减少 30%，行车时间降低 13% 至 45%，实现降低油耗 15%。经济效益方面，车联网产业链涵盖汽车零部件生产厂家、芯片厂商、软件提供商、方案提供商、网络供应商等多个领域，发展车联网可带动相关产业发展，业内人士预测，2020 年，我国车联网市场规模可达到 2000 亿元。

四、无人驾驶汽车是未来发展方向

汽车智能化发展可分为四个阶段：驾驶员辅助、半自动驾驶、高度自动驾驶、完全自动驾驶。目前，第一个阶段主流车型已经基本普及，第二个阶段也正在普及，第三个阶段雏形也已经出现，如今各大车企巨头纷纷布局无人驾驶汽车，谷歌的无人驾驶汽车经过多年测试，已经进入了实用阶段，2014 年 5 月，谷歌启动测试全自动无人驾驶汽车的样车，该车没有方向盘、油门及刹车踏板和换挡装置，完全通过软件和传感器进行自动驾驶，出于安全考虑，样车时速限定在 25 英里（约 40 公里）。2015 年 1 月，奥迪无人驾驶汽车在完全没有人工干预的情况下自动驾驶了 560 英里后来到拉斯维加斯 CES 展会，奥迪计划在 2016 款 A8 上使用无人驾驶技术。另外，丰田、奔驰、日产、通用、特斯拉等车企巨头也都发布了无人驾驶汽车计划。

汽车从产生以来最根本的用途是将人安全地送达目的地，随着汽车智能化的加速发展，越来越多的智能主动安全技术及产品将装配到汽车中，最终实现无人驾驶，届时，汽车的安全性能也将得到突破性的提升，汽车智能化演进的过程中将产生巨大的商机。无人驾驶汽车是公认的未来汽车的发展方向，一项调查显示，40% 的英国人喜欢无人驾驶汽车，60% 的美国人喜欢无人驾驶汽车，巴西人则高达 95%，我国这个数字为 70%。电气电子工程师协会 (IEEE) 曾发布大胆预测，到 2040 年，无人驾驶汽车将占路上行驶车辆总数的 75%。

第四章 建筑安全产业

随着我国城市化步伐的加快，必然驱动与之配套的基础设施的持续发展与完善，预示着建筑产业发展的“黄金期的到来”，2015年全年全国建筑业务实现新签合同额15129亿元，同比增长了6.6%，其中施工面积为99709万平方米，同比上一年增长了8.2%；新开工面积为22419万平方米，同比上一年下降了23.5%；竣工面积为12869万平方米，同比上一年增长了29.7%。建筑行业实现全年合同销售额1546亿元，同比上一年增长了28.5%；合约销售面积为1326万平方米，同比上一年增长了28.0%。另据国家统计局统计的数字显示，2015年前三季度，全国建筑企业在“一带一路”沿线的57个国家承揽对外工程项目3059个，签订合同额为591.1亿美元，占同期对外签订承包合同额的54.3%，据国家发改委公布的资料显示，2015年前三季度，国家发改委审批核准固定资材投资项目共218个，总投资额18131亿元，其中高科技信息化项目投资为208亿元，农业水利项目投资为3982亿元，能源项目投资为2366亿元，交通基础设施建筑项目为9906亿元，社会事业项目投资为1669亿元，比上一年同期均有明显增长。全国建筑业总产值176713亿元，同比增长10.2%。

2015年全国安全事故总量呈下降趋势，无论是事故，还是死亡人数同比2014年分别下降了7.9%、2.8%。大部分地区和建筑领域安全状况基本稳定，11个省级单位无重特大事故发生。

虽然2015年安全状况有所改观，但安全形势不容乐观，暴露出的安全问题不容忽视。

我国是建筑大国，从业人员目前已达4500万人，建筑业属于高危险行业，加之从业人员普遍安全防范意识薄弱，技术装备参差不齐、质量存在安全隐患；建筑物结构坍塌，脚手架、塔吊的垮塌，高空坠落物等，都是建筑施工中的毒瘤。

真正做到建筑安全产业能够为建筑施工安全提供硬件基础，能真正成为建筑行业健康快速发展的有力保障，就必须提高建筑施工操作和管理人员安全意识和理念，这样才能促进建筑行业安全生产形势的持续稳定好转。

第一节　发展情况

一、脚手架

脚手架是重要的高空作业架设工具，在广告业、市政、交通路桥等建筑施工的多种作业场所得到广泛应用，是施工人员安全保障的关键基础设施。在我国扣件式钢管脚手架使用量占 60% 以上，20 世纪 80 年代初，随着国外门式脚手架和碗扣式脚手架等多种形式脚手架的引进，我国建筑行业高新技术得以快速发展，也引发了创新高潮，之后引进开发的多功能、安全性更高的脚手架，如：插销式脚手架、十字盘式脚手架、方塔式脚手架、CRAB 模块脚手架，以及各种类型的爬架。脚手架行业一直奉行以安全为基础，走专业化发展的道路。脚手架的材质也向轻质高强、标准化、装配化和多功能方向发展，主体材料由木、竹逐渐发展为金属制品。脚手架配件材质由扣件、螺旋到薄壁型钢都向铝合金制品发展。目前，在结构架构方面，主要以门式脚手架和圆盘式脚手架为主，已达到年产上万吨的规模，出口数量也连年持续上升。建筑业的持续高效给脚手架行业带来了巨大的商机，从事制造脚手架生产的企业数量也在逐年增加，国内目前有百余家脚手架专业生产企业，主要分布在广州、无锡、青岛等地。在全国脚手架钢管的生产约有 1000 万吨以上，其中质量低劣、超期使用的不合格的钢管占产品的 80% 以上；扣件总量约有 10 亿—12 亿个，可是不合格产品占比过大，量大面广的不合格钢管和扣件，成为建筑行业的安全隐患。

二、安全防护网

安全防护网也称为密目网，是预防高空坠落伤害的特种安全防护用品，被广泛用于各种建筑工地，特别是高层建筑，以其实现全封闭施工。国内目前广泛使用的安全防护网主要有安全平网、密目式安全立网等，安全防护网除了能够有效防止电焊火花引起的火灾之外，还能降低噪声，避免灰尘污染，既保护了环境，也能达到美化城市的效果。随着建筑的快速发展，对安全防护网的要求也越来越高，最初棉、麻、棕等天然纤维的平网和立网的材质已不能满足当下建筑的需要，化学纤维逐渐替代原始的安全网的材质，规格也趋于多样化。我国1983年初步建立了组织密目网标准，密目网产品市场也越来越规范，产品规格基本统一，产品质量也得到提高。密目式安全立网相比传统的安全平网更具优势，表现在：机械化程度高、便于控制产品质量，生产效率高、质量相对稳定等，其耐贯穿性能、阻燃性能、防尘、美化作业环境等特性，是安全平网和安全立网所不能及的。源于此密目式安全立网已占据各类密目网产品中的重要地位，市场份额也不断提高，大有替代传统的安全立网之势。在全国目前有200余家生产密目网的企业，但有些企业生产投入门槛低，技术含量不高，虽然190家企业持有安全生产许可证，但95%以上为年产值在500万元以下小规模企业，主要集中在福建、山东、安徽3省，这些企业普遍对安全防护网标准的认识不够，生产过程中时有以次充好、偷工减料等不规范行为，致使我国密目网质量难以保障，为建筑安全作业埋下隐患。

三、安全帽

安全帽是建筑施工、高空作业等不可或缺的个体防护产品。安全帽能够有效地降低事故的发生，保障施工者的生命安全。我国建筑施工用的安全帽经过多年的发展，由20世纪70年代后期的塑料材质发展为维纶、环氧树脂玻璃钢、ABS塑料等材质，安全系数随着材质的不同不断得到提升。我国颁布实施了《安全帽》及《安全帽试验方法》等标准，安全帽市场有法可依、有规可循，实行统一规范管理。安全帽产业及产品随着法制化进程的加速，整体水平有了较大提高，我国安全帽的工艺水平、设计理念现已达到国际先进水平。安全帽行业市场潜力巨大，我国从业人员需佩戴安全帽的达8000万人以上，安全帽需求总量每年均达5000万顶，安全帽生产企业主要集中在河北、江苏、浙 江、山东、安徽等地。我国安全帽产业近年来初步形成了集聚发展模式，从市场份额来看，品牌企业分割“大市场”、小企业占领“小市场”的局面已经形成。

第二节　发展特点

一、信息技术为建筑安全产业带来勃勃生机

实现建筑安全生产的根本途径就是采用先进的技术装备。目前，我国建筑产

业新一代信息技术的应用已初具规模，建筑安全信息管理系统已成为建筑施工中安全保障的有力抓手，促进建筑业信息化水平不断提升已成为建筑行业的重要任务。大数据的运用，准确地建立建筑施工的设备和事故等数据库，并依据准确信息进行科学的分析，找出事故规律，从而制定出切实可行的有针对性的监管措施。依据准确信息建立了危险隐患反应运作机制，对实时监控，动态管理，及时发现安全隐患发挥了巨大作用，依据准确信息采取相应排查措施，能够有效预防和降低建筑施工中安全事故的发生。我国建筑产业信息化从最初规模正不断发展成熟，越来越多的建筑企业在实践中对安全信息管理系统的认识有了质的飞跃，有些企业主动与高校、研究机构合作，对建筑产业信息化的研究和探讨更加深入。

"十二五"期间国家住房和城乡建设部出台了《2011—2015年建筑业信息化发展纲要》。加快了建筑信息模型（BIM）、基于网络的协同工作等新技术在建筑施工工程中应用的步伐，推动了建筑信息化标准建设的纵深发展，极大地提升了建筑产业本质安全水平。

二、建筑安全产业不具规模，产品质量参差不齐

建筑安全产业规模小，分布分散，致使我国建筑安全产业企业发展中，呈现工艺装备小型化、科技水平普遍偏低的态势，产品缺乏核心竞争力，产品结构不合理，产业链整合能力不足等问题，严重阻碍我国安全产业的健康发展。其中建筑脚手架扣件和安全防护网，这两大防护产品95%以上不合格，其他产品存在无证生产的现象，凡此种种严重扰乱了市场经济秩序，成为事故隐患。建筑安全产业大多以作坊为生产形式，从业人员素质较低，人员流动大，90%以上为初中或偏下的文化程度，产品质量得不到保障。我国建筑安全产业分散，小型企业缺乏有效管理，生产安全防护网的企业95%为年产值500万以下的小企业。全球安全产业积聚效应进一步加强，产业分工越来越细化，安全产业园区建设已成为产业集聚发展的载体和根本。近年来，很多安全产业园区在规划建设中并没有将建筑安全产品和技术的研发制造作为园区的发展目标。企业小而散、技术装备通用化、标准化、系列化的水平偏低，创新驱动能力匮乏，缺少高附加值和高技术难度的产品，高成本、低质量正是我国目前安全产业的现状。

三、传统防护产品已落伍于经济的快速发展

国内大部分建筑安全防护产品生产企业还停留在传统防护产品的生产，使用

的原材料、产品款式、结构等都大同小异，缺少科技含量，缺少技术创新是当下建筑安全防护产品的共同诟病。国外知名企业长期占据着建筑安全产品市场，本土产品毫无竞争力，导致近年来市场份额不断缩减。建筑安全产业产品制造还停留在手工作坊水平，自动化程度严重不足、从业人员技术水平偏低、生产环境相对低劣现象是我国一些从事建筑安全防护产品企业的共同现状。对技术创新认识不足或没有足够持续的资金投入是一些相关企业不能进行研发创新、品牌发展严重滞后的原因。企业没有创新使得建筑行业的主要产品，如安全防护网、安全带塔吊等只能从国外引进，没有技术创新，对传统产品的改造升级也只能是换汤不换药，建筑安全防护产品落后于快速发展的建筑革新，根本无法满足建筑施工安全的刚需。在建筑安全生产领域，缺少国家科技支撑的计划项目、重点基础研发项目、高技术研究计划项目，从事建筑安全技术装备研究的更是寥寥无几。

四、2015年安全事故情况统计

2015 年全国安全事故总量呈下降趋势，无论是事故，还是死亡人数同比 2014 年分别下降了 7.9%、2.8%（见图 4-1、图 4-2）。大部分地区和建筑领域安全状况基本稳定，11 个省级单位无重特大事故发生。

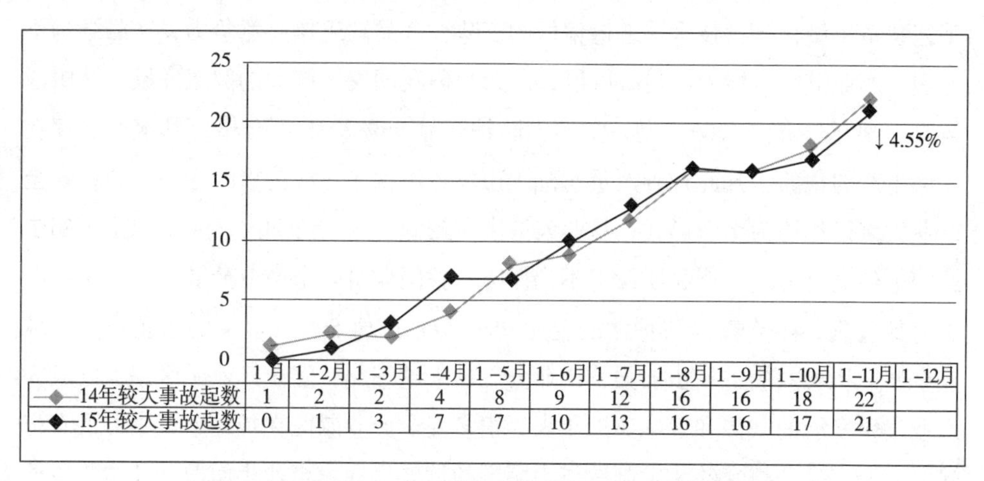

	1月	1-2月	1-3月	1-4月	1-5月	1-6月	1-7月	1-8月	1-9月	1-10月	1-11月	1-12月
14年较大事故起数	1	2	2	4	8	9	12	16	16	18	22	
15年较大事故起数	0	1	3	7	7	10	13	16	16	17	21	

图4-1　2015年1—11月较大事故起数与2014年同期对比

资料来源：中国建筑学会，2016 年 1 月。

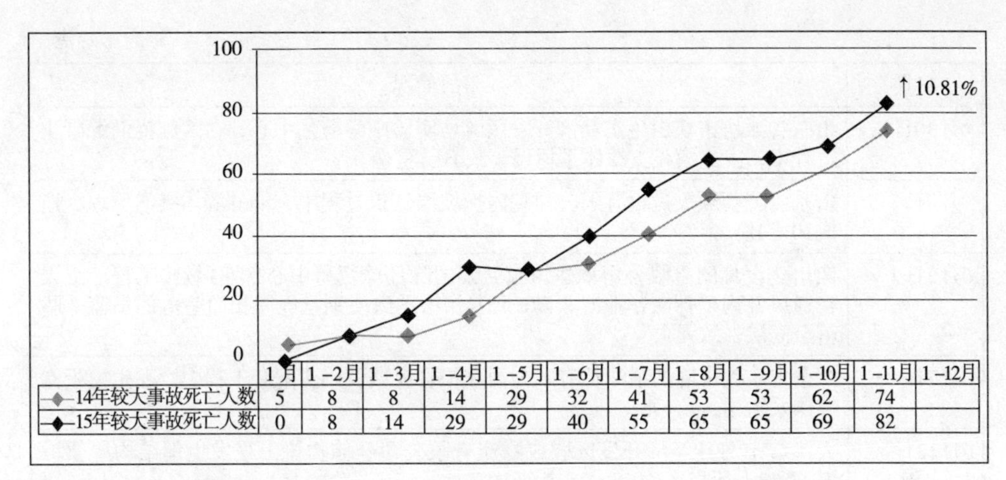

	1月	1－2月	1－3月	1－4月	1－5月	1－6月	1－7月	1－8月	1－9月	1－10月	1－11月	1－12月
14年较大事故死亡人数	5	8	8	14	29	32	41	53	53	62	74	
15年较大事故死亡人数	0	8	14	29	29	40	55	65	65	69	82	

图4-2　2015年1—11月较大事故死亡人数与2014年同期对比

资料来源：中国建筑学会，2016 年 1 月。

虽然 2015 年安全状况有所改观，但安全形势不容乐观，暴露出的安全问题不容忽视（见表 4-1）。

表 4-1　2015 年全国建筑产业主要事故情况

日期	事故简况
1月12日	湖北武汉一工地7米基坑塌方，致1死3伤
1月22日	厦门一工地塔吊钢绳断裂，致1死1伤
1月29日	江西一大学在建工程坍塌，造成1死18伤
2月9日	云南文山州文山职教园区新卫校在建工程，脚手架突然坍塌，造成5死8伤
2月24日	成都一在建隧道疑似瓦斯爆炸，致1死20伤
3月16日	陕西咸阳一施工路段发生塌方，致3死1伤
3月25日	贵州铜仁一钢架棚发生垮塌，造成1死2伤
3月26日	广西南宁市一在建的工业标准厂房脚手架发生坍塌，造成3死3重伤、7轻伤
4月5日	青海省西宁市在体育训练基地兴起路段进行管沟底部清槽过程中，发生土方坍塌，造成3死
4月11日	河北省石家庄新乐市金地建材市场，在13号商业楼工程浇筑顶棚混凝土过程中，发模板支撑体系坍塌，致5死4伤
4月15日	泰州市陵区皇家花园小区一在建工地观景棚坍塌，致2死10余伤
4月29日	陕西省延安市志丹县双河乡在搬迁小区及公租房挡土墙工程施工中发生土方坍塌，致3死

（续表）

日期	事故简况
4月30日	山东省潍坊市峡山生态经济开发区潍坊实验中学演艺中心，在实施浇灌混凝土过程中，发生模板支撑体系坍塌，致4死1重伤
5月9日	山东兰陵县顺天运输有限公司院内护坡墙砌筑过程中，部分墙体突然倒塌，造成10死3伤
6月2日	四川建设集团有限公司承建川渝弘泰国际环球贸易中心二期1号楼工程，工人在通风井内壁抹灰作业时，随U型卡扣松动致使钢丝绳脱扣而坠落的吊篮，坠落至五层，致死亡
6月7日	广东省东莞市麻涌镇深粮有限公司在粮食仓储及码头配套工程中，发生模板支撑体系坍塌，致4死
6月12日	天津市宁河县经济开发区联成物流有限公司仓储物流工程发生钢结构屋架坍塌，致3人死亡
6月12日	河南省郑州市龙翔二街DN600给水管道过东风渠工程，发生沟槽坍塌，造成3死
7月2日	甘肃省张掖市甘州区滨河新区肃南裕苑34号商业楼施工过程中，发生升降机坠落，致3死
7月5日	西藏自治区林芝市巴宜区鲁明小镇中区项目主体及配套3号楼工程，发生模板支撑体系坍塌，造成8死5伤
7月19日	广东省广州市增城区索菲亚定制家具项目行政楼工程中，塔吊在顶升时发生倾覆，造成4死
8月17日	江苏省南京市溧水区幸福佳苑二标段6号楼在对外墙装饰过程中，吊篮提升作业时，发生高处坠落，致3死
8月21日	湖北省武汉市美好公馆农利村K5地块工程中，塔吊在安装时发生倾覆，造成4死
10月5日	四川省成都市世龙公馆1—4号楼及地下室工程，施工升降机发生坠落，造成4死
11月6日	新疆生产建设兵团第七师北新区生产基地，工艺厂房室外排水管沟管道安装过程中，管沟侧壁发生坍塌，致4死
11月8日	江苏省苏州市吴中区水岸清华高层二期工程，发生地下室防水层保护墙坍塌，造成3死
11月9日	宁夏回族自治区中卫市海原县育才小区工地附属工程，排水管沟施工过程中，发生沟槽坍塌，致3死
11月18日	四川省广元市苍溪县广明如意城工程，发生模板支撑体系坍塌，致3死
12月21日	北京清华附中工地倒塌，造成10死4伤
12月23日	贵州省贵阳市南明区铁路枢纽赖头冲安置工程，发生堡坎坍塌，致3死
12月24日	青岛崂山区青岛国信体育场辅助训练项目工地，发生塔吊倒塌，造成3死6伤
12月26日	安徽淮北市烈山区亿阳管业淮北通力水泥预制构件有限公司施工工地，发生基坑坍塌，致5死

资料来源：赛迪智库整理，2016年1月。

我国是建筑大国，从业人员目前已达 4500 万人，建筑业属于高危险行业，加之从业人员普遍安全防范意识薄弱，技术装备参差不齐、质量存在安全隐患；建筑物结构坍塌，脚手架、塔吊的垮塌，高空坠落物等，都是建筑施工中的毒瘤。真正做到建筑安全产业能够为建筑施工安全提供硬件基础，能真正成为建筑行业健康快速发展的有力保障，就必须提高建筑施工操作和管理人员安全意识和理念，这样才能促进建筑行业安全生产形势的持续稳定好转。

第五章　消防安全产业

消防是渗透到人类生产、生活以及一切领域中的专门活动，有严格的法律法规限定。为确保消防活动的正常进行，亟须大力发展消防产业。消防产业由消防产品产业和消防工程构成。消防产品产业由消防科技研发、消防器材、消防装备制造以及消防服务等组成。消防器材品种繁多，它包括了灭火器、消火栓、消防箱、消防水带、消防泵灌装设备、蓄电池等；消防装备门类繁多，它包括了监测、探测，报警系统、通用防火灭火系统（含消防车辆），特种消防装备、消防专用防护装备、通用个人防护装备、专用抢险救援装备，消防智能信息化指挥控制系统、引导疏散系统、防烟排烟系统、消防供水系统等；消防服务由设备安装、维修维护、消防培训、监测检验、安全评估等组成。消防工程包括消防设施设计、施工安装、消防检测等。

第一节　发展情况

提高社会消防安全保障水平、提供先进可靠技术装备和服务是消防产业所承担的任务。衡量一个国家和社会现代文明程度的标志之一就是消防安全产业的健康发展，大力发展消防安全产业对于国家的长治久安和促进社会进步具有重要意义。

一、消防产品产业

随着经济的快速增长，我国消防产业市场的规模迅速扩大，呈现快速增长态势，连续几年，我国消防产品市场销售年增长率达 15%—20%，2015 年我国消防产业整体市场销售规模达到了 23730 亿元。我国目前拥有近 6000 家生产消防产品的企业，年产值超亿元的较大规模的企业不断涌现，这些企业生产的固定灭火设备、自动火灾报警、消防车等800多个品种、9000多个规格，共21大类消防产品，基本满足我国防火、灭火需求。2015年消防报警市场规模达到230亿元，复合增长率约为20%，自动灭火门市场规模达到约540亿元，复合增长率为23%，未来几年，消防龙头企业的业绩将会持续增长。

我国消防产业的生产企业大多集中在东南沿海一带，分布区域较集中；规模小、品种单一、科技含量低，年销售额在1000万元以下的企业，缺乏竞争力。

近年来，为满足城镇化发展建设的需要，消防产业加大市场化强度，打破原先由行业垄断的不利局面，一批骨干级国家军工企业的加入，为消防产品科技自主研发提供了有力保障。一些过去只能依赖进口的产品，也基本实现了国产化，一大批创新型消防产品相继问世。如火灾探测报警设备年产值已超过12亿元，这样的企业在全国拥有110多家，其中自动灭火设备、建筑防火材料、建筑耐火构件与配件等产品质量过硬，有力地促进了我国消防产业健康快速发展。

（一）消防科研

火灾科学、消防技术与消防软科学是消防领域研究创新的重点。我国专门的消防科研机构统归公安部，共有天津、上海、沈阳、四川四家消防研究所。消防研究所在专业研究方向上各有分工：天津所主要负责研究火灾基础理论、消防工程技术、消防规范、消防信息、耐火构件、灭火剂等；上海所主要负责研究灭火理论、消防装备、灭火技术与战术、火场防护技术等；沈阳所主要负责研究火灾探测理论、自动报警技术、消防通信等；四川所主要负责研究建筑火灾理论、建筑防火技术、材料阻燃等。从研究所成立至今，我国取得消防科研成果共800多项，其中点型感烟火灾探测器和火灾报警控制器的标准及其检测设备、民用住宅耐火性能的评价研究、承重墙耐火性能中试装置、消防装备喷雾水粒子流场特性试验方法、LB钢结构膨胀防火涂料、高层建筑楼梯间正压送风机械排烟技术的研究等20多项成果获得国家级科技成果奖。

中国科学技术大学火灾科学国家重点实验室是我国火灾科学领域的国家级研究机构，是由国家在1992年利用世界银行贷款和国内配套投资兴建的，并于1995年11月通过国家验收。

除了公安部直属科研机构以外，我国在一些综合性大学、大型企业以及工业研究机构，也特设消防科研机构，如航空航天、核工业、船舶制造、林业、煤炭、石油化工等。

（二）消防装备

作为消防最重要的作战装备的消防车辆，是消防产业标志性产品。我国消防车制造企业约有 40 家，其中年产力达到 500 辆的寥寥无几，全年销售消防车 2000 辆。我国目前消防车保有量需 34 万辆，其中约一半为公安部消防部队拥有，其余由化工、烟草、机场等行业所有。

消防车由特种车底盘及上部消防装备两大部分组成。客户对底盘配置、上部消防装配等需求差异很大，受此限制，消防车不能流水线大规模生产，生产模式上具有多品种、小批量的特点。国内多数企业规模较小，又缺乏技术创新，仅能生产技术含量低、单位价值相对不高的低端产品，如普通水罐车或轻型泡沫水罐车等。由于低端产品投入少、技术门槛不高，一直以来竞争较为激烈，产品价格大都在 50 万元以下，企业几乎是处于微利状态。处于重点要害区域的消防部队、油田、石油公司炼油厂、油库、煤矿、粮库、机场等危险性较大的易发事故的企业需装备的中高端消防车以及重型和特种消防车，价格基本上在 100 万—400 万之间，特种消防车甚至需上千万元，国内生产企业目前还不具备制造能力，主要依靠进口。

消防车产品在国际上已经成系列，技术十分成熟。目前得到广泛应用的是压缩空气泡沫灭火系统（CAFS），这一系统的灭火剂分为 A 类和 B 类，具有 7 倍的灭火功效。日本森田的路轨两用消防车，芬兰博浪涛的云梯车，美国大力的压缩空气泡沫消防车,德国施密茨自装卸式多功能保障车、核生化（NBC）侦检消防车，德国马基路斯城市八爪鱼多功能高喷救援消防车等叱咤在消防市场，得到赞誉。上述消防车具有最新的技术装备，价格不菲，如一辆芬兰博浪涛 90 米云梯车价值 2000 万元。进口消防产品占据了我国高端消防车市场，呈垄断态势，2014 年我国消防车采购额已超过 100 亿元。从我国消防事业发展趋势来看，未来市场对中高档需求约可达 162 亿元。

（三）消防服务

消防服务主要指消防安装和维保，就是在新建建筑及各类工程建设时，同步进行消防设施、安装；交付使用后，对这些设施进行维护维修。起步于 20 世纪 90 年代的我国消防技术服务随着消防法律法规的逐步完善得到不断发展。消防技术服务中建筑消防设施检测、电气防火检测、建筑消防设施维修保养、消防安全监测、消防安全评估及咨询，这五类机构已初具规模并健康发展。国务院在2002年颁布的《关于取消第一批行政审批项目的决定》取消了建筑消防设施维修保养、检测资格许可证的行政审批，就此公安消防部门不再管理检测和维修保养机构，也不再审查新机构，交由消防协会或者其他部门实行社会管理，消防服务从此走向市场。

消防服务市场近几年以15%—18%左右的速度增长。2015年消防安装和维保市场分别达到990多亿元和80多亿元，维保市场的增长快于安装市场。

各地区房地产开发和基建投资增长存在很大差异，这也决定了消防安装和维保业务在细分市场的情况不同。江苏、广东、上海和北京等一线大城市的安装市场增长势头开始放缓，而维保业务迅速增长；中西部一些大城市的安装市场的增长率明显高于沿海地区，其中河南、山东、辽宁的安装市场呈上升趋势；东北、西南、西北的一些城市在市场构成方面更是以前所未有的态势发展。

消防服务市场竞争越来越激烈，其主要原因是消防维保业务具有稳定性、高毛利率及回款安全等特点，因此一些原本不涉及消防服务的物业管理企业和建设施工单位以及消防产品制造企业纷纷插足此类业务。消防维保业务的价值和传统的安装业务相比，主要体现在服务的过程而不是项目的工程数量上，因此维保业务的竞争策略要放在服务创新和整合上。

二、消防工程

消防工程主要是指消防工程设计、消防工程施工。其中消防设计是源头，设计的科学、合理、专业，对确保建筑工程的消防安全至关重要。按照我国的法律规定，从事消防工程施工的企业必须具备相关资质。其中要求一级资质企业，才可承担各类消防设施工程的施工；具有二级资质企业，方可承担建筑高度100米及以下、建筑面积5万平方米及以下的房屋建筑，才能承担易燃、可燃液体和可燃气体生产、储存装置等消防设施工程的施工；获得三级资质的企业，就可以承担建筑高度24米以下、建筑面积2.5万平方米以下的房屋建筑配套的消防设施工程的施工。

我国宏观经济以及建筑业产值的快速增长使消防工程更具有长期发展的空间。根据我国《建筑消防设计规划》和《高层民用建筑设计防火规划》的规定，

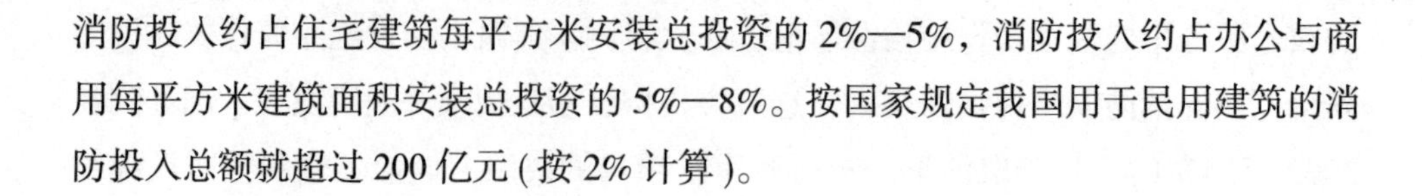

消防投入约占住宅建筑每平方米安装总投资的2%—5%，消防投入约占办公与商用每平方米建筑面积安装总投资的5%—8%。按国家规定我国用于民用建筑的消防投入总额就超过200亿元(按2%计算)。

第二节　发展特点

一、消防行业发展现存的问题

我国消防产业多年来不能向规模化、科学化发展，落后于经济和社会的发展，很难满足国家消防现代化建设的迫切需要。

（一）社会整体配备不足

超大空间、超高层建筑、地下轨道交通系统和石油、化工、建材等高火险行业随着中国城镇化建设的快速发展，规模的不断扩大，与之相配套的消防产业迅猛发展，发展带来的问题愈加突出，易燃易爆场所增加、火灾原因日渐繁多，火灾更趋于多样性、复杂性。重特大火灾不仅造成群死群伤，而且带来的经济损失也越来越大，我国的公共消防资源严重不足的问题越来越凸显，无法满足企业消防、民居消防、园林消防（特别是针对古树消防保护）、古建筑消防、农村消防等一切领域的消防安全需求。据不完全统计，全国近年来市政消火栓欠账26.5%，地市级以上城市消防栓欠账30%，村镇公共消防设施差距更大。我国正规消防部队的装备配备与发达国家相比欠账严重，自有配套率低。我国目前有660多个城市、2800个县或县级市，可是消防装备总体配备不到发达国家的20%。世界上多数国家专职消防员人数占比全国人口的万分之10左右，最高的可达万分之161，而我国消防员占比只有全国人口的万分之1.5。

国家越来越关注防灾减灾，越来越重视应急救援力量的加强，消防部队已经成为抢险救援不可或缺的中坚力量。消防部队中的综合应急救援队，除承担消防工作以外，还承担着包括自然灾害、危险化学品、建筑施工、道路交通所引发的事故，以及社会安全事件的抢险救援任务。据国务院关于消防工作的报告显示：我国公安消防部队在近三年完成火灾救援和处置灾害事故共163.9万起，解救被困人员32.8万人，保护和挽回财产损失折合人民币1241亿元。应急救援队伍的壮大发展，需要投入更多的经费，以保障这支队伍能够拥有精良的装备。各地方在近几年纷纷筹建应急救援队伍，政府投入巨大，应急救援部队的建立使抢险救援装备市场迅速扩大，多功能抢险救援车、生命探测仪、破拆工具、防护装备等高端产品有巨大的市场需求。

国家已将加强社会保障和改善民生摆在突出位置，明确要求建设城镇保障性安居工程覆盖率达到20%，从2011—2016年5年内保障性住房总量达到3600万套。现行的《建筑设计防火规范》明确规定：3600万套国家保障性住房都必须安装与之配套的室内消火栓、消防水箱、灭火器、自动喷水系统、烟感探测器等产品，市场需求巨大。同时全国城镇化建设中不断有新的工、商、文、体设施落成，这些建筑都需要与之配套的消防系统。行业人士预计在5年内，消防系统工程约占城镇化建设的6%—11%，即人民币120亿元到200亿元。

需求如此巨大，可是消防产业自身力量分散，利益格局分割严重的问题严重阻碍了消防产业的发展，从近年消防产业发展情况来看，年营业额在1000万元以内的从事消防安全的企业占72%，年营业额不足500万元的企业占总数的47%，超过5000万元以上的消防安全企业仅占5%，排名进入前30名的企业，市场份额不到10%，行业缺少龙头企业。企业不能做大做强，只能生产几个规格的产品，品种单一，基本没有品牌与技术支持，缺少竞争力，无法在中高端市场立足，只能在低端产品市场和工程建设的消防设施施工以及消防安装和维保市场生存，消防产业的这种状况对于不断增长的全社会消防系统建设需求，特殊领域的高性能装备需求，以及家用消防器材需求，既不能拿出优质可靠的产品，也不能提供专业的服务，严重落后于经济的发展。

（二）研发成果难以迅速投入市场

经济的快速发展给消防部门提出了新的任务、新的要求。消防部门面临新的挑战：火灾越来越趋于复杂化，如何有效扑救？特大恶性火灾如何降低危害？危险化学品引发的事故如何化解？如何应对恐怖袭击？面对新的挑战，各国消防装备的研究开发机构和相关企业联手努力开发出更加专业化、更加实用化、更加趋于完美的能有效灭火救援和处置特种灾害装备，并努力朝系列化方向发展。随着自动控制和人工智能技术的发展，消防装备的智能化程度也越来越高。可以预见，21世纪各种智能化的灭火救援装备和消防机器人将成为消防装备的主流。

消防机器人属特种机器人，它在灭火和抢险救援中，尤其是重特大灾害中愈加发挥出重大的作用。随着各种大型石油化工企业、隧道、地铁等危险系数较高的建筑的增多，油品燃气、毒气泄漏爆炸、隧道、地铁坍塌等恶性事故也随之不断增加。这类灾害都具有高突发性、处置过程复杂、危害巨大、防治困难等共同特点，已构成顽疾，严重危害人民生命财产安全。消防机器人能取代消防救援人员进入易燃易爆、有毒、缺氧、浓烟等对人的生命带来伤害的事故现场，按照指令快速进行数据采集、处理、反馈，并能深入到灾害现场的各个角落，及时发现险情，有效地进行救援，并且避免了消防人员在危险极高的事故现场所面临的人身安全，同时解决了数据信息采集不足等问题。

我国的消防科研基地和科研的基础设施建设与发达国家相比相差甚远，消防科技创新领域资金投入严重不足，造成创新能力整体水平难以提高，具有自主知识产权的原创性科技成果严重匮乏，更多的是照抄和仿制。在公众聚集场所、大型公共建筑、易燃易爆危险品单位、地铁及城市交通隧道等高风险场所，这些国家急需取得成果的研究领域，对火灾烟气排放与控制技术、烟气优化管理技术、烟气危险性评估方法以及人员疏散技术的研究，始终没有取得创新成果。在火灾科学试验新手段的开发方面，更是缺少对火灾虚拟现实和仿真技术应用的研究。

消防产品的民营企业对科技的投入少而更少，科研开发机构和专业实验室基本为零，满足于贴牌生产，停滞不前，有的企业甚至十几年一直生产同一产品，这种不重视科技创新的做法在民营企业中普遍存在，这对消防产品技术发展极为不利。

（三）民用市场亟须开发

据消防部门统计，近5年来，我国住宅火灾虽然事故数量只占总数的32.9%，但死亡人数却占总数的69.6%，高居火灾死亡人数的榜首。据消防部门统计数据显示，我国目前家庭配备灭火器的比例只有0.1%左右，换句话说，平均1000户家庭对灭火器的占有率不到1台。在西方发达国家，家用消防产品已经成为消防产品的重要市场。家用消防器材在日本占整个消防器材市场份额的40%—60%；而在美国，城市居民有75%的家庭备有火灾自动报警器、自动灭火器以及煤气漏气报警器，阻燃的衣料和被褥，也是美国家庭防火的高招；英国政府激励民众安装住宅火灾烟雾报警装置，目标是国内城乡居民住户全部普及使用。

2010年上海那起高层住宅大火引发人们对家用消防市场的关注，火灾发生后，公安部消防局发布了《家庭消防应急器材配备常识》，倡导居民配备家用手提式灭火器、灭火毯、消防过滤式自救呼吸器、救生缓降器和具有声光报警功能的强光手电等消防逃生器材。人们开始对如何自救，家用消防器材的作用有了新的认识。目前我国针对家用的消防器材的开发生产的企业寥寥无几，且标准不统一、品牌杂乱、质量更是参差不齐，根本无法满足大量增长的家庭消费市场的需求。

农村消防市场有待开发。近年来农村火灾呈上升趋势，农村消防站、消防供水、消防装备等建设规划已纳入《消防法》中。理论上农村消防得到重视，但实际上我国农村消防几乎是空白，开发生产农村消防产品、拓展农村消防市场已成为重要任务。消防摩托车以其行驶灵活、速度快捷，在未经过道路规划的农村能穿梭自如，第一时间到达火灾现场。消防摩托车自带抽水泵，在多水的南方农村，能随时补充水源等特点，受到农村地区和农村市场的青睐。按每个行政村配置一辆消防摩托车，每辆车价格以 5 万元计算，那么全国消防摩托车市场粗略估计将高达 345 亿元。

二、典型事故情况及分析

（一）事故统计

据公安部消防局统计，2015 年，全国共接报火灾 33.8 万起，造成 1742 人死亡、1112 人受伤，直接财产损失 39.5 亿元，与 2014 年相比，分别下降 14.5%、4%、26.5% 和 16%。全国消防队伍接警出动 112 万起，出动车辆 204.1 万辆次、消防员 1197.7 万人次，营救遇险被困群众 16.5 万人。2015 年国内重大火灾事故见表 5–1。

表 5–1　2015 年国内重大火灾事故

时间	事故原因
1月2日	黑龙江省哈尔滨市道外区北方南勋陶瓷大市场三层仓库起火，造成5名消防员遇难、14人受伤
1月3日	云南大理巍山县拥有600年历史的拱辰楼突发大火，城楼上半部分被烧毁。无人员伤亡
1月4日	浙江省台州市玉环县解放塘社区一住宅外停车棚内一电动车起火，浓烟蔓延，造成8死
1月20日	台湾桃园市新屋区新屋保龄球馆发生火灾，6名消防员遇难
2月5日	广东惠东县义乌商品城四楼仓库突发大火，造成17死，多人受伤
3月4日	昆明市官渡区彩云北路1502号东盟联丰农产品商贸中心发生火灾，造成9死10伤

（续表）

时间	事故原因
3月17日	上海市浦东益嘉物流上海配送中心仓库发生火灾，过火约9000平方米。火灾没有造成人员伤亡
3月20日	辽宁营口大石桥市永安镇周建良炼铝厂发生火灾与爆炸，造成消防员1死7伤
3月22日	大连金州新区大黑山南侧发生火灾造成5名登山者死亡
5月19日	青岛市市南区的喜众连锁概念酒店颐荷店发生液化气爆炸，造成2死10余人伤
5月25日	河南省平顶山市鲁山县康乐园的老年公寓发生火灾，造成38人死，6人受伤
7月16日	山东日照石大科技石化有限公司1000立方米液态烃球罐起火
8月12日	天津港瑞海公司危险品仓库发生特重大火灾爆炸，遇难人数达到112人，失踪95人
8月26日	武汉市江夏区武杨桥湖大道15号拓创产业园厂房着火，并伴有爆炸声。5层钢混结构厂房的4楼多间房屋被大火烧毁
8月31日	山东东营利津县刁口乡滨源化学有限公司发生爆炸，致13死
9月14日	山东省平邑县地方镇东固社区后东固村一户民宅发生火情，致1死
10月10日	安徽芜湖一小吃店液化气爆炸，致17死
12月16日	黑龙江省鹤岗市向阳煤矿发生瓦斯爆炸并引起井下火灾，造成19人死亡
12月17日	辽宁葫芦岛市的连山钼业集团兴利矿业有限公司因副井电焊起火引发火灾。造成13死10伤
12月18日	清华大学化学系（何添楼）二楼一实验室发生火灾，致1死

资料来源：赛迪智库整理，2016年1月。

（二）安全事故分析

2015年共发生5起重大火灾事故：广东惠州义乌商品批发市场“2·5”放火案件，造成17人死亡；云南昆明官渡区“3·4”东盟联丰农产品商贸中心工业酒精爆燃，造成9人死亡、10人受伤；天津港“8·12”特重大火灾爆炸，造成112人死亡、95人失联；山东东营“8·31”化工厂爆炸，造成13人死亡；安徽芜湖“10·10”小吃店燃气爆炸，致17人死亡。这多起以火灾形态出现的，产生较大影响的事故，导致了重大人员伤亡、财产损失以及对环境造成严重破坏。

经济发达地区火灾总量较大。2015年全国火灾总起数超过1.5万起的有8个省份，分别是浙江3.4万起、江苏2.8万起、辽宁2.7万起、山东2.5万起、河南

2万起、四川1.9万起、广东1.8万起、湖南1.5万起，其中除四川、河南、湖南三个大省外，其余五个省份全部集中在东部地区。

电气火灾依然高发。从已查明火灾的原因看，由于违反电气安装使用规定引发的火灾有10.2万起，占火灾总数的30.1%，2起重大火灾和1起特别重大火灾则都是由电气引发的，占较大火灾的56.7%。除电气原因外，用火不当占17.7%、玩火占3.4%、吸烟占5.6%、自燃占2.9%、生产作业占2.9%、原因不明占6.7%、其他原因占30.7%。

乡镇农村火灾占比较大。2015年乡镇农村共发生火灾18.2万起，死亡971人，受伤492人，财产直接损失23.3亿元，分别占城乡火灾总数的53.7%和55.7%；城市发生火灾总计10.4万起，死亡504人，受伤393人，财产损失8.9亿元，分别占总数的30.7%、28.9%；县城共发生火灾5.3万起，死亡267人，受伤227人，财产损失总计7.2亿元，分别占总数的15.6%、15.3%。

家庭火灾死亡人数占总数近七成。2015年村民居民住宅发生火灾11.1万起，事故造成1213人死亡，虽然事故数量只占总数的32.9%，但死亡人数却占总数的69.6%。因住宅火灾的死亡人员中，未成年人和老年人居多，占总数的58.2%。另外人员密集场所共发生火灾4.2万起，死亡314人，事故数量占总数的12.6%，死亡人数占总数的18.1%；火灾造成群死群伤不容忽视；死亡人数较多的几类场所有：员工宿舍火灾，死亡162人；商业场所火灾，死亡57人；养老院、福利院火灾，死亡49人；餐饮场所火灾，死亡20人。

冬春季节火灾相对多发。2015年有5个月的火灾数量超过3万起，7个月的火灾数量在2万至3万起之间，其中超过3万起的是1—5月，都是在冬春季节，其中最多的是2月，超过4万起。冬春季节（1月至5月和12月）全国共发生火灾19.5万起，死亡1072人，受伤553人，财产直接损失22.9亿元，分别占总数的57.8%、61.5%。

夜间火灾伤亡概率远高于白天。火灾易在白天发生，在夜间（20时至次日凌晨6时）发生的火灾相对较少，但夜间发生的火灾大多由于发现晚、报警晚，更可能造成人员伤亡。夜间平均每196起火灾就会造成1人受伤，平均每107起火灾就会造成1人死亡；白天平均每400起火灾会造成1人受伤，平均每298起火灾会造成1人死亡。

消防队伍出警超百万次。2015年全国消防队伍（含非现役消防队）共接警出动 112 万起，出警次数比 2014 年略有下降，为 1.8%；共动用车辆 204.1 万辆次、动用人力 1197.7 万人次；救援被困群众 16.5 万人，减少财产损失 650 多亿元。

（三）暴露出的主要问题

企业管理松散，违法违规操作。企业管理层缺乏对安全的重视，疏于管理是导致重大消防事故的重要原因。7 月 16 日山东日照岚山区石大科技公司液化气储存区一个 1000 立方米液态烃球罐发生泄漏燃烧爆炸，事故直接经济损失 2812 万元。

究其事故的主要原因，就是企业长期处于管理混乱、安全意识淡漠、严重违规违纪的状态。石大科技公司在停产一年半后，对罐区 12 个球罐轮流倒罐，操作全过程竟无人监管，致使液化气泄漏不能及时发现更不能及时处置；违反规定将罐区球罐安全阀的前后手阀、球罐根部阀关闭；将低压液化气排火炬总管加盲板隔断；因为操作人员是刚刚从装卸站区转岗的，既没有经过培训，更没有罐装的经验，对突发事件毫无措施；企业对高危作业既没有制定倒罐操作规程，也没有安全作业方案和紧急预案，更没有风险识别；企业对重大危险源没有实施管控。

地方政府主管部门对消防隐患监察不力。山东日照“7·16”爆炸事故，暴露了地方政府监管缺失，尤其是对停产后的化工企业的危险化学品储罐区疏于监管。相关政府官员未认真履行职责，未督促涉事企业及时上报停产处置方案，未及时对企业处置情况进行监管；未能认真贯彻落实上级安排部署，对石大科技公司上报的危化品储罐“只有少量残留”信息未予核实，未能定期对安全仪表系统开展专项监督检查。对爆炸事故的发生负有直接监管责任。事故发生后，当地政府督促开展了消防安全隐患彻查大检查，帮助企业改善安全生产环节，严格按照标准，明确企业各机构职责，做到整治排查零死角，从根本上杜绝安全隐患。对企业存在严重火灾隐患、未能对员工安全培训、企业内部安全管理混乱无序、安全生产责任制不能得到有效落实等问题进行整顿，违规违法的给予严厉打击。从源头上整治重特大安全生产事故的发生。

第六章　矿山安全产业

第一节　发展情况

矿山安全产业是为矿山领域的安全保障活动提供专用技术、产品和服务的产业，是安全产业的重要分支。矿山安全产业涉及矿用安全装备、矿山安全技术改造、矿山安全物联网等。

一、矿山发展基本情况

矿产资源方面，2014年，我国45种主要矿产资源中有36种查明储量增长，5种减少，4种持平，其中煤炭查明资源储量增长3.2%，铜矿增长6.3%，铁矿增长5.6%，铝土矿增长3.2%，金矿增长9.4%。2000米以浅，煤炭预测资源量3.88万亿吨，资源查明率为29.6%；铁矿预测资源量1960亿吨，资源查明率为33.1%；铜矿预测资源量3.04亿吨，资源查明率为29.5%；铝土矿预测资源量179.7亿吨，资源查明率为20.3%。

采矿业固定资产投资方面，2014年，我国采矿业固定资产投资额为1.47万亿元，同比增长0.7%，增速回落10.2个百分点。其中，煤炭开采和洗选业4682亿元，下降9.5%，连续两年负增长；石油与天然气开采业4023亿元，增长6.1%；黑色金属矿采选业1690亿元，增长2.6%；有色金属矿采选业1636亿元，增长2.9%；非金属矿采选业2046亿元，增长13.9%。

矿山生态环境建设方面，截至2014年末，全国用于矿山地质环境治理资金累计达到901.8亿元，其中中央财政资金287.3亿元，安排项目1954个，地方财政和企业自筹资金614.5亿元。全国矿产开发损毁土地累计达303万公顷，已完成治理恢复土地 81 万公顷，治理率 26.7%。其中，利用中央财政资金完成 21.4 万公顷，利用地方财政和企业资金完成 59.6 万公顷。

二、矿山安全事故情况

我国矿山安全事故起数和死亡人数逐年下降，安全生产形势稳步好转。2015 年 1—9 月，全国共发生煤矿安全事故 256 起、死亡 420 人，分别下降 33.2% 和 39.0%。其中，较大事故 28 起、死亡 129 人，同比减少 9 起、25 人；重大事故 2 起，同比减少 7 起。截至 2015 年 8 月，全国煤矿连续 29 个月没有发生特别重大事故，金属和非金属矿山连续 25 个月没有发生重大以上事故，尾矿库连续 7 年没有发生重大以上事故。

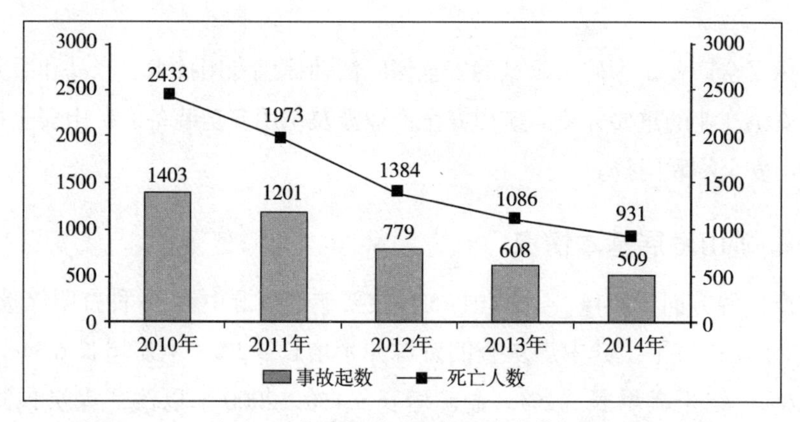

图6-1 2010—2014年我国煤矿安全生产事故起数和死亡人数

资料来源：国家安全监管总局，2016 年 1 月。

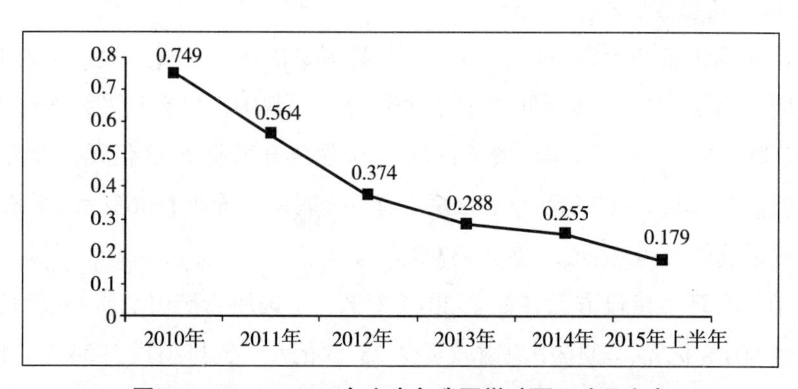

图6-2 2010—2015年上半年我国煤矿百万吨死亡率

资料来源：国家安全监管总局，2016 年 1 月。

矿山安全事故起数和伤亡人数总量依然较高，安全生产形势依然严峻。数据显示，2014 年我国煤矿发生安全生产事故 509 起、死亡 931 人（见图 6–1），而美国 2014 年煤矿死亡人数为 16 人，所有采矿作业死亡人数也仅为 40 人，差距较为明显；2015 年上半年，我国煤矿百万吨死亡率下降到 0.179（见图 6–2），创历史最低，但与美国、澳大利亚等发达国家 0.03 和 0.05 的数值相比，依然较高。

第二节　发展特点

一、矿山安全产业市场潜力大

一方面，我国矿山及从业人员数量众多，安全产业产品、技术及服务市场需求量较大。随着工业转型升级、小煤矿整顿关闭等工作的深入开展，我国关闭了大量安全生产条件不满足要求的小煤矿，但煤矿数量依然较多，目前，我国拥有煤矿 11000 多座、煤矿工人 580 多万人；非煤矿山 7 万多家、从业人员 300 多万人。按“三班倒”粗略估算，每时每刻都有约 300 万人在矿山井下作业。矿山井下作业的特点是地质条件复杂、灾害众多，特别是我国煤矿，水、火、瓦斯、煤尘、地压、地热灾害聚集，极易发生安全生产事故，安全要求较高，因此对安全产业产品、技术及服务市场需求量较大。

另一方面，我国矿山安全生产基础依然较为薄弱，存在较大的提升空间，矿山安全产业市场潜力大。近年来，随着煤矿安全治理的深入开展，我国矿山机械化、自动化、信息化水平不断提高，安全生产保障能力大幅提升，但事故和伤亡人数总量依然较高，煤矿百万吨死亡率与发达国家相比仍存在较大差距，矿山安全生产基础依然较为薄弱。《煤矿安全生产“十二五”规划》显示，到 2015 年末，我国小型煤矿采煤机械化程度达到 55% 以上、掘进装载机械化程度达到 80% 以上。机械化、自动化、信息化水平仍存在较大的提升空间，矿山安全产业市场前景广阔。

二、“机器换人”带来巨大商机

一方面，“机器换人”能够改善我国安全生产形势，是矿山安全治理的必然选择。研究显示，九成以上的安全生产事故与人的违章作业、误操作、疲劳等因素有关，与人相比，机器具有可靠性高、操作规范等特征，通过“机器换人”能够大幅降低事故发生的可能性；另一方面，“机器换人”后作业场所人员大幅减少，部分可达到生产线无人化，即使发生事故，也不会造成大量人员伤亡，一次死亡 10 人以上的重特大事故将得到有效遏制。另外，职业病发病主要是由于长期暴露于有毒有害环境中，“机器换人”能够减少一线员工数量、降低作业人员暴露于有毒有害环境中的时间，可大幅降低职业病发病率。我国矿山地质条件复杂、灾害种类众多，作业人员数量大，事故起数和伤亡人数总量高，通过“机器换人”能够大幅降低井下作业人员数量，特别是危险性较高的作业场所作业人数，从而达到大幅降低人员伤亡事故起数的目的，提升矿山本质安全水平。

我国矿山“机器换人”已取得一定进展，将带来巨大商机。2015 年 6 月，国家安全监管总局印发了《开展“机械化换人、自动化减人”科技强安专项行动的通知》，要求在煤矿、金属非金属矿山等重点行业（领域）开展“机械化换人、自动化减人”科技强安专项行动；提出，通过试点、示范，建立较为完善的“机械化换人、自动化减人”标准体系，大幅提升煤矿、金属非金属矿山等重点行业（领域）机械化、自动化水平，到 2018 年 6 月底，实现高危作业场所作业人员减少 30%以上。随着“机械化换人、自动化减人”科技强安专项行动的开展，矿山安全领域将产生大量的机械化、自动化技术、产品和服务需求，带来巨大的商机（见表 6–1）。

表 6–1 “机械化换人、自动化减人”科技强安专项行动内容

行业（领域）	项目		减人比例
煤矿	煤（岩）巷掘进机械化自动化	煤巷掘支运三位一体高效快速掘进	50%以上
		煤巷综掘机快速掘进	60%以上
		岩石巷道快速掘进	50%以上
	煤矿综采工作面机械化自动化	大中型煤矿综采工作面自动化	50%以上
		中小煤矿机械化	40%以上
		采煤工作面端头及巷道超前支护自动化	50%以上
		综采工作面快速搬家机械化	50%以上
	煤矿井下辅助运输自动化	煤矿井下无轨辅助运输装备系统	30%左右
		煤矿井下高效有轨辅助运输系统	30%左右
	煤矿生产保障系统智能监测控制	主运输智能管控系统	80%以上
		井下大型固定设备无人值守系统	60%以上
		煤矿安全物联网	30%以上

（续表）

行业（领域）	项目		减人比例
金属非金属矿山	采矿机械化、自动化	大型矿山数字化采矿系统	50%以上
		中小型矿山回采机械化	50%以上
	掘支机械化	大中型矿山掘支机械化	40%以上
		小型矿山掘支半机械化	30%以上
	运输系统无人化、机械化	大中型矿山无人有轨运输系统	50%以上
		小型矿山机械化运输系统	50%以上
	井下大型固定设施无人值守系统		60%以上

资料来源：国家安全监管总局，2016年1月。

三、矿山安全物联网市场前景广阔

矿山安全物联网是改善矿山安全形势的有力抓手。物联网是我国七大战略性新兴产业之一的新一代信息技术产业的重要组成部分，将物联网应用到矿山安全领域，通过各种感知、信息传输与处理技术，能够实现对真实矿山整体及相关现象的可视化、数字化及智能化，提升矿山本质安全水平。矿山安全物联网提升矿山安全水平主要表现在三个方面：一是通过人员定位、信息化管理系统等能够极大地提升矿山人员管理和安全管理水平；二是通过设备感知系统能够实时掌握矿山井下设备的运行状况，一旦出现异常能够及时发出报警信号，便于维修人员及时排除故障；三是通过灾害感知系统能够对水、火、瓦斯、煤尘、地压、地热等灾害实时监测，便于采取措施对灾害进行有效控制，灾害一旦超出警戒值，系统会自动发出预警信号，提醒人员撤离。

矿山安全物联网市场前景广阔。物联网引入矿山安全领域符合我国物联网发展的内在要求，将推动我国矿山安全生产向智能化、精细化、网络化转变，提升矿山信息化水平，提高矿山安全保障能力。同时，还能够产生巨大的经济效益。数据显示，2012年，我国物联网市场规模达到3650亿元，较2011年增长了38.9%；据预测，2015年我国物联网整体市场规模将达到7500亿元，年复合增长率约30%。在矿山安全领域，目前，我国拥有各类矿山9万座左右，潜在市场规模大，预计物联网在矿山安全领域的应用所产生的市场规模2015年可达1000亿元，未来市场前景十分广阔。

第七章　城市公共安全产业

第一节　发展情况

发展城市公共安全产业是城市公共安全体系中非常重要的方面，涉及领域广泛，然而目前尚无一个准确的定义。通常认为，城市公共安全产业是为了保障城市居民的生命财产安全和维护社会的安全稳定，满足有效应对城市各类突发事件的需求（包括预防与准备、预警与监测、处置与救援各个阶段的需求），从事研发、制造、生产、销售和提供各种相应服务活动的部门、单位和社会组织，特别是企业的总集合体。当前，我国正处于经济和社会转型期，公共安全面临的严峻形势越来越凸显。有机构调查显示，国内市场对城市公共安全领域的各项技术、产品和系统解决方案的需求十分巨大，市场规模在2020年将超万亿元。

一、城市公共安全得到高度关注

在我国，目前正处于经济和社会发展的重要机遇期，同时也进入了公共安全事故的多发期。随着我国城镇化进程的加速，城市各种安全隐患，威胁着人民的安居乐业，同时，近年来我国城市安全工作面临许多新情况、新问题。2015年中上海踩踏事件、天津爆炸事故、深圳滑坡事故等等，一二线城市发生的这些事故和灾难，都清楚地表明中国的城市安全防护态势不容乐观。

2015年12月20日至21日，中央城市工作会议在北京举行。习近平同志在会上发表了重要讲话，他分析城市发展面临的形势，明确做好城市工作的指导思想、总体思路、重点任务。会议对城市安全问题高度重视，提出要把安全放在城市发展的第一位，把住安全关、质量关，并把安全工作落实到城市工作和城市发展各个环节各个领域。我国城市公共安全保障基础相对薄弱，提升城市公共安全水平，要重视和发展城市公共安全产业，利用产业带动城市安全保障水平的提升，成为城市管理者亟须面对的新课题。

中央城市工作会议提出，要尊重城市发展的规律。抓城市工作，一定要抓住城市管理和服务这个重点。当前世界范围内，大数据、移动互联网同传感技术以及云计算等多种技术融合发展，全球物联网应用已进入实质推进阶段，我国也初步建立了“纵向一体”的物联网政策体系，并形成了较为完整的物联网产业体系，这为我国城市公共安全水平的提升提供了技术基础。并且，自党的十八大提出要加强公共安全体系建设以来，党的十八届三中、四中全会围绕食品药品安全、安全生产、防灾减灾救灾、社会治安防控等议题，相继提出了加强公共安全立法、推进公共安全法治化的要求。

二、核心技术与知识产权缺失制约产业化水平提升

作为城市安全体系的重要环节，无论对于资源保障，还是对于城市应急处置，技术水平的进步对这两方面都具有相当重要的影响，甚至在一定程度上，决定了一个城市的安全水平。而我国在高新技术领域，尤其是对于城市公共安全具有核心保障作用的关键设备领域，依然处于中低端产品大量国产，高端技术与产品依赖进口的局面，而核心技术的知识产权又常常旁落他国主导。

安防产品的知识产权是我国城市安全体系的短板。城市公共安全产业的核心是安防装备与产品，而我国安防企业发展时间较短，多数企业依靠 OEM 生产起家，造成多数企业早期产品科技含量匮乏，多数是在国外核心知识产权的技术上进行改良或者二次开发而来。而安防市场中的国外中高端品牌直接进入国内市场开展竞争，知识产权与高端产品是其所持的两柄利剑，一旦国内企业试图通过自主研发进入高端产品领域，国外品牌便使用市场规模、专利授权等手段对新生黑马企业采取成本优势、专利上诉等方式拖延企业创新速度，从时间和成本等诸多方面为国内企业的研发设置障碍。

三、创新与研发匮乏是城市公共安全产业发展的短板

安防企业的创新缺失与研发投入匮乏，是我国城市公共安全产业中亟须提升的另外一块短板。由于缺乏产品的核心技术，高端产品严重依赖国外技术，国内企业只能聚集在产业链的中下游，产品附加值不高，同时贴牌生产、代理国外品牌普遍，产品同质化现象严重。而随着近年来信息技术的发展，上下游供求信息

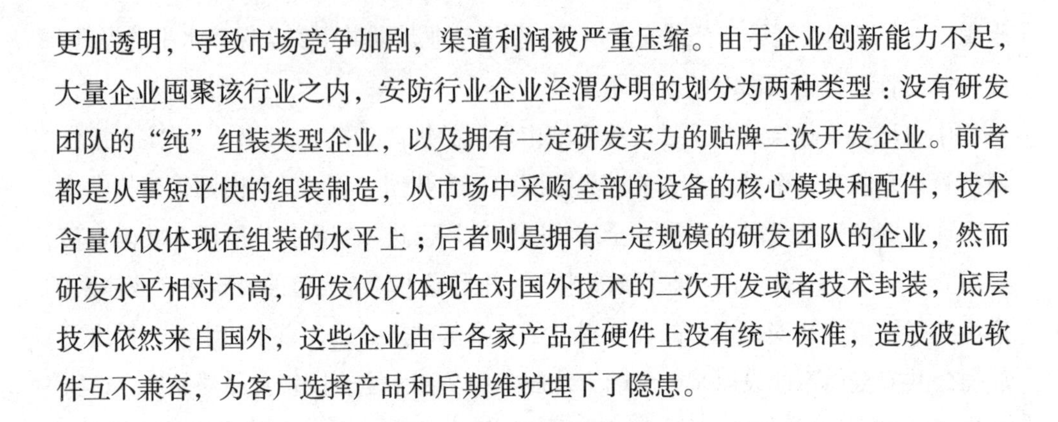

更加透明，导致市场竞争加剧，渠道利润被严重压缩。由于企业创新能力不足，大量企业囤聚该行业之内，安防行业企业泾渭分明的划分为两种类型：没有研发团队的“纯”组装类型企业，以及拥有一定研发实力的贴牌二次开发企业。前者都是从事短平快的组装制造，从市场中采购全部的设备的核心模块和配件，技术含量仅仅体现在组装的水平上；后者则是拥有一定规模的研发团队的企业，然而研发水平相对不高，研发仅仅体现在对国外技术的二次开发或者技术封装，底层技术依然来自国外，这些企业由于各家产品在硬件上没有统一标准，造成彼此软件互不兼容，为客户选择产品和后期维护埋下了隐患。

第二节　发展特点

一、行政管理体制的完善有力提升了公共安全产业层次

政府作为落实城市安全的行政管理主体，主体角色近年来得到逐步强化，政府的公共安全意识、责任和体制也得到强化和理顺。党委、政府的领导责任、属地管理责任、部门监管责任、企业主体责任、社会协同责任等按照“谁主管、谁负责”的改革方向跨越，在城市安全基础设施规划、建设、运营、管理过程中，各个职能部门不断加强与其他行业管理部门之间的沟通与协调，进一步提高了政府的城市安全管理水平和效率。

由于近年来城市反恐压力的加大，城建、环卫、交通、公安等多个政府部门在城市公共安全防护工作中各司其职，在事故处理过程中通力合作，逐渐理顺了各自的职责和任务；而作为进一步强化国内城市安全体系、提高城市安全保障能力的“国家安全委员会”的成立，则从国家高度统筹了公安、武警、司法、国家安全部等国内涉及安全的部门，形成了跨部门、跨职能的国家统一安全部门，这一举措，提高了我国城市安全保障的科学决策水平，加快了城市安全法制化建设，提高了政府决策效率和服务水平，城市安全行政管理体制得到进一步完善，更有力地促进了我国城市公共安全产业发展。

二、信息化深入助力城市安全水平提升

首先，物联网应用技术为城市安全增添保障。物联网作为我国新兴战略性产业，在城市安全、公共管理等领域发挥着越来越重要的作用。物联网当前主要应

用在对城市安全的统一监控和数字化管理等方面，为城市管理者提供一种全新、直观、视听觉范围延伸的管理工具。如中国科学院自主研发的“电子围栏”，即是物联网应用城市安全监控的一种形式，该系统为上海世博会3.28平方公里的世博园围栏区域提供24小时安全防护，其作用抵得上数百名保安、警察的轮番值守。

其次，信息化渗透城市公共管理领域逐渐增多，安全应用日益丰富。随着我国城市信息化水平的逐步提升，信息技术手段日益成为促进城市安全发展的有效武器，最典型应用当属城市安全视频监控系统的应用，作为“平安城市”的主要建设目标，全国化、网络化的视频监控系统正在逐步建立。而且，信息化手段也逐步拓展到城市中更多领域，如交通安全、公共安全、建筑安全、环境安全等，时下应用较为成熟的城市智能交通分析指挥系统以及城市基础设施（如桥梁、地下管网等）实时监控系统，都是信息化手段深入保障城市安全的典型示范。针对城市公共场所可能出现的伤人、纵火、爆炸、投毒、扒手等各类威胁，针对公共安全的人员密集性、流动性和不可预知性，提出的公共安全联动智能预警方案，为城市人口密集场所的安全提供了新的解决思路。

最后，信息化手段在城市灾害研究、应急救援等领域的助力作用日益提升。城市生活面临着自然灾害、人为灾害、袭击破坏等诸多威胁城市安全稳定运行的因素，信息技术手段在诸如地震监测、极端天气预警等方面，正在发挥着越来越重要的作用；如“车联网”可以在重点营运车辆或危险化学品运输车辆进入人口密集的城市区域时，通过GPS超速报警系统和远程视频实时监控系统全程监控司机的驾驶状态和运行路线，一旦发生疲劳驾驶、擅自改变行车速度或路线等异常行为，远程监控系统可以将车辆截停并进行处理；而最近发生的多起暴徒袭击火车站无辜人群的极端行为，也可以通过全国联网联控的视频监控系统在事后、事中，甚至事前，通过犯罪行为分析、面部识别等信息化技术手段进行暴徒识别、实行抓捕等行动。可以说，信息化手段对城市安全保障必不可少，且随着经济社会发展显得越发重要。

第八章　应急救援产业

随着我国应急管理事业的发展，2015年应急救援产业发展基本状况呈现了社会共识提高、发展速度加快、科技创新能力增强、应急保障能力增强的势头，应急救援产业市场空间不断扩大，政策引导下，规范化水平不断提高。应急产业具有多行业交叉和服务公共安全的属性，应急救援产业市场年容量约5000亿元，产业链上下游总共市场年容量约10000亿元。

第一节　发展情况

2015年工业和信息化部、国家发改委印发了《应急产业重点产品和服务指导目录（2015年）》（简称《指导目录》）。《指导目录》是落实应急产业扶持政策的重要依据，有利于引导社会资源投向应急产业领域，更好地指导各部门、各地区发展应急产业，共同把应急产业培育为新的经济增长点，提高处置突发事件的产业支撑能力。

《指导目录》根据《国务院公办厅关于加快应急产业发展的意见》确定的四个重点领域及其发展方向，再进一步细分产品和服务，形成了一个领域、发展方向、细分产品和服务三级结构。一级分别为监测预警产品、预防防护产品、救援处置产品和应急服务产品等4个领域，二级分别为自然灾害监测预警产品、事故灾难监测预警产品等15个发展方向，三级分别为地震灾害监测预警产品、地质灾害监测预警产品等266个细分产品和服务，其中监测预警69项、预防防护49项、救援处置108项、应急服务40项。总体上看，《指导目录》明确了今后一段时间国家重点鼓励发展的应急产品和服务内容，涉及装备、材料、医药、轻工、化工、电子、通信、物流、保险等。

一、监测预警类

《指导目录》的发布实施激活了市场动力，优化了发展环境，增强了企业主动创新能力，我国生产制造的监测预警产品监测预警能力不断增强。2015 年监测预警行业形成了高、新、尖企业占据了大部分市场份额，其中各类监测预警产品提高了对突发事件预警的准确性和及时性，监测预警平台建设在更多领域应用，有力保障了安全生产，提高了应急处置能力。例如粉尘监测预警、危化品监测预警领域，产品科技含量不断提高，信息化、智能化成为系统平台建设的重要环节。重庆市投资 600 万余元建设高危行业智能监测预警应急救援指挥中心平台，实现对危险化学品、易燃易爆品、有毒有害物质、煤矿等生产企业和重点防范单位实施远程监控、应急救援指挥调度及辅助决策。

二、预防防护类

《国务院办公厅关于加快应急产业发展的意见》中指明，预防防护产品就是围绕提高个体和重要设施保护的安全性和可靠性，重点发展预防防护类应急产品。目前预防防护类产品涉及个体防护产品、设备设施防护产品和火灾防护产品等，在 2015 年国家用于预防防护产品和材料等安全投入大幅增加，其中劳动防护用品占近 60%。我国消防产业总体规模已超过 2000 亿元，火灾防护产品不再以进口为主，由于检测手段的提升，安全性和可靠性成为企业研发制造的根本原则。

三、救援处置类

2015 年，全国消防队伍(含非现役消防队)共接警出动 112 万起，其中，火灾扑救 33.9 万起，抢险救援 31.6 万起，社会救助 26.3 万起；共投入车辆 204 万辆次、人员 1197 万人次，营救遇险被困人员 16.5 万人，抢救和保护财产价值 650 多亿元。在如此高频率的应急救援中，救援处置产品和设备是安全的基础，才能保障应急救援的有效性，救援物资的及时性。

救援处置产品的研发得到企业的高度重视，同时地方政府投入更多资金，救援处置集聚化、特色化发展趋势明显，如福建省漳州市投资 1800 万余元建设应急管理平台，该平台主要由十大系统组成，即应急指挥大厅集成系统、多媒体会议室集成系统、指挥大厅机房集成系统和无人机监测监控系统、监测预警系统、安全生产监督管理系统、互联网舆情监控系统、公共管理系统、应用支撑系统、数据层信息库系统。

四、应急服务类

应急服务业是应急救援产业中最具发展潜力的内容，应急服务，即围绕提高突发事件防范处置的社会化服务水平，创新应急服务业态。从细分领域来看，应急救援服务作为优化产业结构的主要手段，2015 年应急服务行业管理水平不断规范，针对性的服务明显，对应急救援起到了重要的支持作用。我国应急服务业整体实力的提升，行业主要分为事前预防服务、社会化救援服务以及其他应急服务，应急救援企业转型升级的动力明显，应急救援队伍专业化的运作给事故处理带来更多保障。“中国应急服务企业数据库”的开发建设将推动应急服务行业的健康发展。

第二节　发展特点

一、应急救援产业机遇前所未有

我国经济发展进入新常态，应急救援产业具有跨领域、整合性、高科技的产业特性，契合了产业转型升级，推进供给侧结构性改革的方针战略。应急救援产业的发展不同于传统的劳动密集型、粗放型的生产模式，应急救援产业作为安全产业防灾减灾的一大利器，其特殊用途，决定了必须以科技力量和创新为支撑点。应急信息平台统筹协调作用的发挥依靠新一代的信息技术，从而进行信息收集、预测预警、应急保障、应急指挥、应急评估等多方面的综合应用系统，完成应急救援的各项任务和突发事件的处理。应急服务需要大量专业技术人才，进行专业的应急救援服务、提供对应急产品及应急技术的咨询服务等。应急设施设备更要求先进性、专业性和实用性，适用于各种特殊环境，新能源、新材料的应用给应急救援带来更多机遇。实施驱动创新战略格局下，应急救援产业应把握发展的主动权，引领安全产业的发展。

二、应急救援产业潜力巨大

我国重特大安全生产事故时有发生，另外因自然灾害和公共事件所带来的损失也非常大，有数据显示，每年的经济损失会占到GDP的6%。2015年天津港“8·12”爆炸直接经济损失700亿元，面对巨额的经济损失更严重的是人员的伤亡，造成了恶劣的社会影响。应急救援产业正是减少人员伤亡，挽回经济损失的重要手段，应急救援的设备、产品和技术在事故和自然灾害救援中的作用也越来越明显。近年来，我国已经初步建立了应急救援体系，应急救援机制的不断完善，应急产品和技术的市场规模不断扩大。需求的不断扩大给应急救援产业带来了巨大潜力，应急救援产业的发展使企业能够及时应对突发事件，保障劳动者生命安全，降低企业损失，维持企业正常运行；在应急观念得到普及的同时，家庭个人防护用品也会成为一个应急产业的市场点。除了应急产品，应急管理的技术平台建设需要通信系统的构建、计算机模拟系统、数据信息网络等，还有一些应急培训、应急基地建设等都要依靠应急救援产业的发展来完善。

三、产业结构失衡，集中度低

从企业数量及企业规模看，西北和华南地区应急救援产业发展暂时明显落后于其他地区，应急救援产业在华东和西南地区应急救援产业发展较好。但即使华东地区和西南地区产业发展较好，我国应急救援产业的集中度和专业化程度仍有待提高。由政府行政部门或大型国有企业主建应急产业基地、产业园区还是绝大多数，而真正由中小企业自主研发、生产，进行产业化发展还是寥寥无几。我国应急救援产业企业规模普遍较小，缺少具有核心竞争力的大型龙头企业，企业小、散、弱的问题困扰产业发展。

四、应急救援产业人才缺乏

2015年中央经济工作会议提出，要加大投资于人的力度，人的素质和水平，直接关系到产业的发展和国家综合竞争力的提升。应急救援产业长期面临“简单劳动力”偏多，高素质人才偏弱的难题，人才结构的转型升级是应急救援产业发展的原动力。我国应急救援产业人才的培养起步较晚，人才输送跟不上应急救援产业发展的节奏，如高等院校对应急管理人才的培养情况，国外一些发达国家已逐步建立了较完善的从基础教育到专业研究的应急管理教育体系，而在我国培养单位还很少，还未形成应急管理的教育体系，并且偏重研究性培养而缺乏基础教育和应用型教育培养。据不完全统计，参与汶川地震救援的人员中只有5200多人是专业救援人员，13万多人没有受过任何专业的救援培训。在应急咨询、应

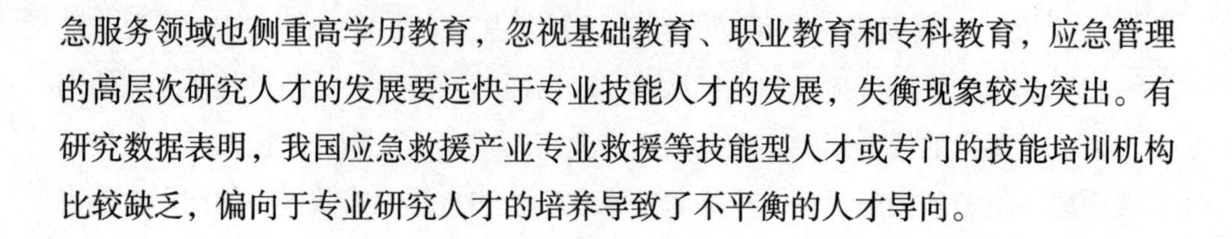

急服务领域也侧重高学历教育，忽视基础教育、职业教育和专科教育，应急管理的高层次研究人才的发展要远快于专业技能人才的发展，失衡现象较为突出。有研究数据表明，我国应急救援产业专业救援等技能型人才或专门的技能培训机构比较缺乏，偏向于专业研究人才的培养导致了不平衡的人才导向。

第九章　安全服务产业

2015年是全面完成“十二五”规划的收官之年，是全面深化改革的关键之年，是《新安全生产法》实施的第一年。安全服务产业作为安全生产工作的重要组成部分，有力地保障了我国工业领域的安全生产能力，提升了本质安全水平。根据《关于促进安全产业发展的指导意见》，安全服务的本质要求是围绕市场需求，推动安全服务机构规范发展，提高安全支撑能力。包括安全技术咨询、推广、展览展示，宣传教育培训，应急演练演示，检测检验，安全评价，事故技术分析鉴定以及针对安全的工程设计和监理，保险，设备租赁，融资担保等服务。安全服务产业有效地补充和调剂了政府对企业的监督管理，弥补了安全管理和技术服务等方面的短板，减小企业内部安全管理的疲惫；安全服务产业使得企业的安全管理、技术服务和安全隐患排查变得可量化，有章可循；安全服务产业社会化的发展，带动了第三方机构和组织的迅速发展，正是顺应我国深化审批制度改革的发展思路。2015年我国的安全服务产业发展坚持“市场主导、政府推动、社会参与、企业自主”的原则，市场机制进一步完善，发现并解决了一批安全生产工作中长期存在的问题，提升了治理能力，降低了安全生产事故的发生概率。

第一节　发展情况

一、安全评估

安全评估服务的专业化、社会化水平不断提高，引导了更多社会各行业和领域的科研与专业技术力量参与安全生产工作，传统安全生产管理方式在安全评估服务引导下不断创新变革。2015年我国安全评价评估的机构市场规范发展，领域内安全生产评估服务的企业规模迅速扩大，“新三板”涌现出国内安全生产专业技术服务类的首家上市公司。目前，全国安全生产评价获甲级资质的机构达

201家，各省级批准的乙级机构超过600家，业务范围覆盖煤炭、轻工、冶金等多个领域。根据中国合格评定国家认可委员会统计，全国有职业安全健康管理体系认证机构55家，认可领域数量为71个，业务范围类型合计1855个。国家安监总局于2015年2月出台了《安全评价与检测检验机构规范从业五条规定》,《五条规定》围绕贯彻落实新《安全生产法》的相关规定，坚持问题导向，着重从资质管理、公平竞争，诚信公开、执业规范、保障质量等五个方面，明确了安全评价和检测检验机构从业行为最核心、最基本的规范要求，简便易行、易于贯彻落实和监督检查。一是精心部署和组织开展《五条规定》宣贯落实；二是着力强化社会公众、媒体舆论监督；三是开展专项治理，适时派出督导组进行工作指导和效果抽查；四是宣传正面典型、曝光处罚违规行为，确保“铁规定、刚执行、全覆盖、真落实、见实效”。

二、安全培训

截至2012年3月，我国一至四级安全培训机构达到3658家，其中，一级安全培训机构共有33家，二级安全培训机构166家，三级安全培训机构1733家，四级安全培训机构1379家；拥有专职教师2万多人，近三年平均每年培训企业主要负责人、安全生产管理人员和特种作业人员超过300万人次。各级安监部门在2015年多次举办煤矿、消防、职业卫生等培训班，领域内专业化的安全培训中心增多，社会化程度提高，校园、社区等安全生产培训课堂逐渐普及，网上安全培训系统等新的模式成为安全培训的有效途径；国家安监总局开展了《煤矿安全培训规定》(总局令第52号)修订工作，从参加培训人员、培训形式等多个方面对煤矿安全培训提出了更高的要求。新《安全生产法》要求进一步推进注册安全工程师制度，注安师及注安师事务所成为助力安全生产不可或缺的专业力量，服务领域涵盖煤矿、非煤矿山、危险化学品、烟花爆竹、建筑施工等行业。截至2014年8月，全国共有执业资格注册安全工程师217749名，其中157167人注册，目前，北京、上海、重庆、江苏、河南、新疆等26个省(自治区、直辖市)已成立注安师事务所208家，重庆、天津、黑龙江等地还成立了注安师协会。

三、安全检测检验

2015年国家安全监管总局根据《安全评价与检测检验机构规范从业五条规定》，依法整顿安全检测检验市场，纠正不规范行为，引导提升专业服务能力和规范发展水平。我国安全生产检测检验体系作为一项保障安全生产的基础性工作不断完善，安全检测检验公信力和权威性进一步提升，检测检验机构为保证企业安全生产提供技术服务，为安全生产监管监察部门提供执法依据，生产安全事故调查中提供物证分析，另外在涉及生命安全、危险性较大的设备、产品安全可靠性提供安全认证为安全设施验收、安全评价等提供技术支持。截至目前，由国家安全监管监察系统实施资质许可管理的安全专业技术服务机构达2107家，其中承担安全评价、安全生产检测检验的机构有816家，承担海洋石油安全评价、检测检验的机构有37家，承担职业卫生技术服务的机构有1254家，在各类安全专业技术服务机构从业的人员约有10万人、各类专业技术人员约有6.5万人。

四、企业安全文化

国际上，安全生产有条"海恩法则"，1次死亡或重伤事故背后，有29次小事故、300次未遂事故、1000个安全隐患，安全文化能够有效提升本质安全水平，从源头降低安全事故发生的可能性。2015年第十四个安全生产月，提出了"加强安全法治，保障安全生产"的主题，在我国步入制造强国的道路上，安全文化建设保障了生命安全与健康、社会和谐与企业的持续发展。有统计数据表明，近年来在全国发生的安全生产事故中，因违章指挥、违规作业和违反劳动纪律等人为因素造成的起数约占总起数的90%，其死亡人数占总数的80%。2015年是国家安监总局安全生产法制宣传教育"五年规划"的最后一年，各级安监部门和组织开展了充分运用各种宣传形式开展法制宣传教育，推进安全文化、安全诚信和安全道德建设，通过安全生产月中专题文章、发放宣传资料等形式，实现了企业安全文化体系中的安全理念、安全制度、安全环境和安全行为"四位一体"的目标建设，从业人员从"要我安全"到"我要安全"的转变。

第二节　发展特点

一、安全服务市场潜力巨大

我国安全生产的服务行业起步较晚，目前还处于发展探索阶段，市场成熟度不高，由于安全评价、安全检测及安全文化建设是企业风险管理的基础和企业安全生产的保障，发展前景良好。随着我国安全生产法制体系的完善，对企业安全隐患排查、安全设计等方面提出了更高的要求，独立的第三方机构依据相关法律法规技术标准的判定作用凸显，从而给安全服务机构带来良好的发展机遇，例如2015年12月《煤矿重大生产安全事故隐患判定标准》(总局令第85号)公布施行，该标准确定了15个方面的煤矿重大事故隐患，煤矿企业细致化、常态化的隐患排查机制对安全服务的需求会随之增加。从长期看，安全服务机构的客户群体是我国工业生产领域近千万家企业，基础性建设改造项目数以百万，安全服务行业有着广阔的市场发展空间，随着制造强国战略的实施持续发展，市场容量有望在未来几年有大幅提高。

二、进一步推进安全服务机构改制脱钩工作

我国安全服务机构在长期发展过程中，重审批、轻管理，不少地方实行地方保护政策，甚至行政手段干预市场竞争，制定特定的机构开展安全评价、企业安全检测检验等专业服务，不同程度地影响了服务的独立性和报告的客观性。社会主义市场经济体制下我国安全服务机构发展背景多是先官办、后脱钩，即先按国家要求和有关规定由有关政府部门按事业单位成立，运作几年后，又按照国家有关规定脱钩，成为自主经营、自负盈亏、自我发展的经济实体。很多企业只是为了获得政府的经营许可权，不得不接受被动评价等安全服务，企业对于安全服务缺乏主动性和自觉性。随着我国对安全服务机构的不断规范、准入门槛的提高和治理力度的加大，控总量提质量，一大批不规范的安全第三方机构将在行业洗牌中淘汰，进一步推进安全服务机构的改制脱钩工作，创造有序规范的市场发展环境。

三、安全服务从业人员素质不高

我国安全服务行业在人员结构上除了一些专业性很强的社会中介组织，如律师、注册会计师等执业人员文化素质较高外，其他的社会安全服务组织从业人员整体素质偏低，例如，在危险化学品储运的安全评价和检测领域，只有高素质和高水平的人才基础支撑，才能全面地找出其危险源，排查并解决隐患。目前安全服务机构中，很多人员不具备安全专业的背景和从业经验，素质良莠不齐，直接影响到评价和检测质量，导致了安全隐患不能及时排除。安全服务机构规模普遍较小，专业技术实力薄弱，尤其缺乏高端人才，多重经济效益轻社会责任，对于安全服务过程中缺乏严谨和实地结合的能力。我国安全服务行业正处于加快发展期和转型期，对服务咨询各细分行业人才、技术改善提出了更高的要求，而从业人员的培养和素质提升需多年的经验积淀，短时间内将面临高素质人才缺乏的情况。

区 域 篇

第十章　东部地区

第一节　整体发展情况

东部地区是我国经济发达、市场化程度较高的地区，地理区位条件为安全产业的发展创造了良好的外部环境。基于对安全产业发展前景的一个综合预判和科学的考量，东部各省政府高度重视安全产业的发展和超前谋划，出台了一系列政策措施和规划。早在2009年，安全产业就已列入各省（市）产业结构调整和工业转型升级的热门方向之一，江苏省徐州市、安徽省合肥市等有条件的地区正在积极布局和建设安全产业园区（基地）。例如，徐州市以矿山安全为发展重点，特别是国内首个以促进安全产业创新发展和产、学、研、用为载体的物联网产业联盟——中国矿山物联网协同创新联盟在江苏省徐州市成立，标志着徐州市安全产业迈入了快速发展阶段。2015年12月，国家安监总局、工信部正式批复，同意合肥高新区创建国家安全产业示范园区。这是继徐州、营口创建专业性安全产业园区之后，国家批准创建的全国唯一一家综合性安全产业示范园区。分区域来看，江苏省、安徽省、浙江省、上海市等地经济发展形势较好，安全产业及安全产品销售收入也名列前茅。

第二节　发展特点

一、产业发展势头强劲

东部地区凭借优越的地理位置，安全产业市场需求旺盛，发展势头强劲。以东北地区为例，吉林省政府于2014年出台了《吉林省人民政府关于推进安全产业发展的实施意见》(吉政发〔2014〕3号),明确要求加快培育发展安全产业,打造新的经济增长点。2015年将是积极落实《实施意见》的关键一年,安全产业稳步发展。依托其在汽车、化工、装备制造、电子信息、新材料等产业方面的优势,为打造具有吉林特色的安全产业体系奠定了良好的基础;吉林省属于重化工业聚集省份,对安全保障需求强烈,安全产品、技术和服务市场需求日益增长,是安全产业发展的内在动力。

在区位上,华东地区是距离长三角最近的区域,也是长三角向中部地区产业转移和辐射的最接近区域,地区经济发达,成为信息流、人才流、技术资金流高速汇集之地,为安全产业发展带来了新的机遇。例如,合肥市将安全产业作为重点培育的新兴产业,围绕制约安全产业发展的政策、科技、资本、人才、体制机制等实施创新,促进合肥安全产业发展壮大,建成国家安全产业研发和生产基地,力争产值达到500亿元,具备较大的发展空间。

二、产业集群雏形初现

目前,我国东部地区安全产业的空间集聚效应日益突出,产业园区、基地建设已成为一种发展趋势。集聚原因可分为成本集聚、制造集聚和研发集聚。依靠要素成本优势形成的产业集群的竞争优势越来越小,劣势越来越大,难以在日趋激烈的国际竞争中维持。只有以集聚创新优势替代要素成本优势,通过制造集聚带动研发集聚形成的创新型产业集群,才能增强国际竞争力,保持产业持续快速发展。例如,在老工业基地振兴、东北振兴"十二五"规划等相关战略和规划的引导下,近几年,东北地区安全产业集聚化发展趋势明显。如安全产业发展较好的吉林省,通过长春高新北区、吉林经开区、辽源经开区、通化二道江区等4个产业示范园区(基地)的建设,企业集聚、集约、合作发展趋势明显,安全产业集聚化程度明显提升;江苏省徐州市是装备制造之城,聚集了徐工机械、卡特彼勒等世界著名的工程机械生产企业,以及围绕这些核心企业形成的相互衔接配套的工程机械产业集群;安徽省合肥市安全产业园的集群效应初步显现,五大产业集群雏形基本形成,即交通安全产业、矿山安全产业、消防安全产业、电力安全产业及安全信息化产业集群。

三、科技创新能力卓越

近年来,在相关政策的引导下,随着东部地区技术创新体系、技术创新公共服务平台、协同创新机制、人才培养和引进机制等的建立，企业自主创新能力有了很大改善，安全产业企业自主创新能力也得到了较大提升。特别是华东地区拥有上海市、江苏省等经济发展地区，区域内科研机构林立、大学城独具特色和人才资源丰富。例如，徐州市是苏北乃至淮海经济区最大的科教集聚区，高校拥有量在江苏省仅次于南京，拥有中国矿业大学、江苏师范大学等12所高校。尤其是中国矿业大学的安全工程专业和采矿专业位列全国学科评估第一名，为高新区推进安全科技研发提供了扎实基础。此外，安徽省合肥市科研机构林立。为进一步整合安全生产技术领域的优势资源，打造产学研为一体的安全科技产业创新平台，落实省、市政府安全产业布局，合肥集聚了包括中科大先进技术研究院、合肥工业大学智能制造研究院、合肥公共安全研究院、中国电科38所、43所、16所。两院院士31人，每万人拥有专业技术人员859人，居全国同类城市前列。国家级高校和科研院所丰富的科教资源，使得“人才特区”集聚凸显，这些都为合肥高新区安全产业发展提供了强有力的技术支撑和保障。

第三节　典型省份——江苏省

江苏省是安全产业发展大省，主要集中在徐州市。徐州市凭借良好的区位优势，产业发展的国际化和高端化特点明显，其技术和资本溢出效应为毗邻的江苏省带来诸多发展机会。徐州市高新区为我国安全产业示范园区，近年来长期致力于矿山安全生产建设，推动以矿山物联网“感知矿山”为前沿的安全生产科技实现了新的突破和发展，深入探索安全生产从科技创新到示范应用、市场推广和产业化发展的路子，取得了卓越成效。

一、政府高度重视

徐州市政府高度重视安全产业发展。2011年，为更大范围地推进安全科技创新合作，徐州高新区牵头并报请工信部、科技部、国家安监总局、中国煤炭工业协会等部门同意，召开了首届安全产业协同创新会议，并启动建设了徐州安全科技产业园。徐州市的铜山高新区建有我国东部地区首个矿山物联网科技产业园，中国矿业大学基于矿山安全研发出感知矿山物联网，该技术首次实现了矿山人员环境实时感知。此后，徐州将安全产业作为一个战略产业全力培育，并将安全产业协同创新推进会作为集聚国内外安全科技成果的重要抓手，连续举办了四届，并且，徐州还将是中国安全产业协同创新会议的永久会址。通过每1—2年举办一次全国专业学术会议（论坛），打造在本行业领域国际市场具有知名度的安全产品品牌。

2015年，中国安全产业协会矿山分会由徐州工程机械集团有限公司等十家单位共同发起筹备成立，是继物联网分会和消防分会后，中国安全产业协会批准成立的第三个行业分会。成立中国安全产业协会矿山分会，可以进一步建立行业与政府、行业与行业、行业与社会的沟通机制，促进矿山安全产业顶层设计、推动矿山安全产业协同创新、优化矿山安全产业空间布局、拓展矿山安全产业发展链条、应对国际安全产业市场竞争。

二、发展形势迅猛

徐州是我国安全产业发源地，也是我国安全科技创新最活跃的地区。根据国家相关政策重点支持的发展方向，徐州安全产业园区结合国家安全监管总局的“四个一批”“千项产品”等重点支持的技术和产品，以矿山安全产业领域为主体，以危险化学品安全和交通安全产业领域为两翼，以安全服务为支撑。目前安全产业研发创新、孵化加速、产业集聚、交易推广、大数据服务于一体的全链条的形成，截至2014年，徐州国家安全科技产业园已成功签约项目4个，总投资约4亿元。为服务园区企业生产和生活，徐州高新区加大力度招引服务业项目和研发中心项目，园区各项工作已经显现成效，单位土地产出强度达到国内安全产业园区领先水平，形成以矿山安全为代表的安全科技产业集群，初步建成特色鲜明、规模适度、科技领先、创新推动的在行业内具有国际影响力的国家级安全产业示范园区。下一步，园区将继续加快项目建设进度，加大招商引资力度，把其做成省内一流园区，为地区发展作贡献。

三、发展前景可观

安全产业是实现社会和谐发展的产业，既有社会效益、又有经济效益，是一个可以实现大发展的战略产业。未来，徐州市将贯彻落实“一带一路”国家战略的决策部署，抢抓机遇，主动对接，积极作为，力争在融入国家战略大格局中下好“先手棋”、打好“主动仗”，为“迈上新台阶、建设新徐州”提供新动能。深入谋划中精准发力，高度发展安全产业，走出一个令人思索的战略产业发展新路径，为我国其他园区的发展提供借鉴作用。力争到2020年，徐州高新区内各类安全科研机构超过50家，企业数量超过200家，培育形成若干年产值超过10亿元的大型龙头企业，带动一批年产值超过3亿元的大型企业，徐州高新区安全科技产业总产值超过500亿元，未来发展前景广阔。

第十一章　中部地区

第一节　整体发展情况

中部地区包括山西、安徽、江西、河南、湖北和湖南六省。中部地区安全产业具备一定的基础，整体发展情况较好。在国家安全产业政策的引导下，中部各省市积极布局安全产业，纷纷出台了促进安全产业发展的地方性引导文件，如《安徽省公共安全产业技术发展指南（2010—2015 年）》《河南省人民政府办公厅关于加快应急产业发展的意见》等。另外，中部地区安全产业呈现出了集聚化发展趋势，一批安全产业园区（基地）已经初步成型，如 2015 年 12 月，国家安全监管总局、工信部正式批复，同意合肥高新区创建国家安全产业示范园区；2015 年 6 月，中国安全产业协会授予襄阳市“全国安全产业示范城市”牌匾，授予樊城区“襄阳市应急产业示范园”牌匾。

第二节　发展特点

一、政策环境不断优化，安全产业发展势头强劲

近年来，国家层面出台了一系列文件，促进安全产业发展，并确定了安全产业的战略地位。中部各省市积极响应，出台地方性引导文件，鼓励安全产业发展。

省级层面，2010 年，安徽出台《安徽省公共安全产业技术发展指南（2010—2015 年）》，明确了本省公共安全产业的发展目标和技术路线，确定了煤矿安全、交通安全等七大重点发展方向，并提出构建技术研发、转化和共享三大平台；2015 年 12 月，河南省出台《关于加快应急产业发展的意见》，提出到 2020 年将

河南省打造成全国重要的应急产业示范基地和应急物资生产能力储备基地，明确了应急装备、交通安全等五大优势领域和航空应急、智能机器人等七大潜在领域的重点发展内容，并提出了七大主要任务。

市级层面，2009年，合肥市出台《公共安全产业发展规划（2009—2017年）》，提出"到2017年，实现产值1000亿元，力争达到1200亿元，培育若干个年销售收入超百亿元的公共安全企业，全面建成全国重要的公共安全产业基地"的发展目标，明确了消防安全、防灾减灾等七大重点领域和重点任务；2015年9月，襄阳市印发《国家安全发展示范城市建设规划（2015—2017年）》，明确了道路交通安全、消防安全、危化品安全等安全产业重点发展方向和发展本质安全型企业。

随着地方性引导文件的陆续出台，中部地区安全产业发展环境不断优化，安全产业发展势头强劲。

二、呈现集聚化发展趋势，产业集群雏形初现

中部地区安全产业呈现集聚化发展趋势，涌现出了一批安全产业园区（集群），产业集聚发展能够实现资源优化配置，降低企业成本，提升产业整体竞争力，促进安全产业快速发展。

合肥安全产业示范园区，以合肥高新区为依托，主要涉及交通安全、火灾安全、信息安全、矿山安全、电力安全等五大领域，拥有安全产业企业220余家，从业人员2.4万人，2014年实现营业收入280亿元，目前安全产业已成为合肥高新区的第二大产业。

襄阳安全产业示范城市，以现有安全产业为基础，结合汽车制造、装备制造等产业优势，并将安全产业纳入战略性新兴产业加以扶持，以具体项目的实施促进企业转型升级和技术创新，目标是打造国家级千亿级智能安全产业示范基地，2014年襄阳市安全产业实现产值121亿元，同比增长23%，有处置救援类企业9家、消防处置类企业9家、应急服务类企业6家、预防防护类企业5家。

湖北中部消防安全产业基地，2014年1月，该基地开工建设，将围绕国家消防安全的需求，集多方优势资源，依托现有消防安全产业优势，构建相关产业链，重点研发制造消防设备、消防装备、消防安全仿真培训与事故演练系统等系列产品。

三、产学研体系逐步完善，科技创新能力显著提升

中部诸如安徽、湖北等省利用高校、科研院所等优势，逐步构建完善的产学研体系，涌现出大量科技研发平台，安全产业科技创新能力显著提升。以安徽省为例：安徽省依托中国科学技术大学、合肥工业大学、安徽大学、中国电子科技集团公司38所等高校和科研院所雄厚的科研实力，形成了火灾科学国家重点实验室、煤矿瓦斯治理国家工程研究中心等一批安全产业科技研发平台，逐渐培育了一批拥有核心技术和专利产品、市场开拓能力强、成长性好的公共安全产品制造企业。合肥市作为安全产业集聚区，拥有中科大先进技术研究院、合肥工业大学智能制造研究院、中科院合肥技术创新工程院、合肥公共安全研究院、合肥通用机械研究院、中国电科38所、43所、16所、安徽省应用技术研究院等各类科研机构275家，国家及部级重点实验室20个，具备较强的安全产业科技创新能力。

四、市场需求旺盛，安全产业发展前景广阔

中部地区作为我国的“三基地、一枢纽”（粮食生产基地、能源原材料基地、现代装备制造及高技术产业基地和综合交通运输枢纽），正处于经济崛起和转型升级时期，对安全产业技术、产品与服务需求旺盛，利于中部地区安全产业市场的发展壮大。

首先，在晋北、晋东、晋中、淮南、淮北和河南大型煤炭基地的建设，煤炭企业技术改造、转型升级的过程中，对煤矿专业安全装备、煤矿灾害监测监控设备、应急救援设备、矿山安全物联网系统及安全服务等将产生大量的需求。

其次，老工业基地调整改造过程中对安全产业市场起到积极的促进作用。老工业基地经过多年粗放式的发展，安全生产基础比较薄弱，安全技术、装备水平落后。《国务院关于大力实施促进中部地区崛起战略的若干意见》（国发〔2012〕43号）提出加大对中部地区老工业基地调整改造项目和企业技术改造的支持力度，其中安全技术改造和安全生产水平的提升必将成为工作重点，在此过程中，也产生了旺盛的安全产业技术、产品和服务市场需求。

第三节　典型省份——湖北省

一、基本情况

（一）安全生产事故情况

2015年，湖北省相对中部地区其他各省，安全生产形势表现较好，全年未发生一次死亡10人以上的重特大安全生产事故，但较大事故仍时有发生，涉及交通、建筑、矿山、化工等多个领域，安全生产工作有待进一步加强（见表11-1）。

表11-1　2015年湖北省发生的典型安全生产事故情况

序号	日期	死亡人数	事故简况
1	12月6日	5	襄阳市高新区境内，发生道路交通事故，造成5人死亡
2	10月13日	3	黄冈市浠水县蓝天联合气体有限公司，发生中毒和窒息事故，造成3人死亡
3	8月26日	5	武汉市江夏区藏龙岛拓创工业园一仓库，发生爆炸，造成5人死亡
4	8月21日	4	武汉市硚口区一建设工地，发生起重伤害事故，造成4人死亡
5	6月12日	3	恩施州利川市一煤矿发生透水事故，造成3人死亡
6	6月7日	9	孝感市孝南区境内，发生道路交通事故，造成9人死亡
7	5月12日	3	十堰市郧西县香口乡一金矿发生透水事故，造成3人死亡
8	5月11日	9	十堰市郧西县境内，发生道路交通事故，造成9人死亡
9	4月19日	6	恩施州恩施市境内发生道路交通事故，造成6人死亡
10	4月10日	3	恩施州巴东县湖北省公路工程咨询中心发生高处坠落事故，造成3人死亡
11	3月11日	4	黄石市有色公司矿井下发生围岩坍塌导致坠落，造成4人死亡、1人轻伤
12	2月19日	5	一化工企业在车间试运行过程中引起燃爆，造成5人死亡
13	2月3日	4	黄石市阳新县一民宅用火不慎至煤气泄漏爆燃，造成4人死亡

资料来源：国家安全监管总局，2016年1月。

（二）经济发展情况

2015 年 1—9 月，湖北省完成生产总值 20423.41 亿元，增速 8.8%。湖北省拥有武汉东湖新技术产业开发区（即光谷，含东湖综合保税区）、武汉经济技术开发区（含武汉出口加工区）等 14 个国家级开发区，以汽车、钢铁、石化、食品、电子信息、电力、纺织、装备制造等产业为主导，其中，汽车产业最大，其次是钢铁和石化产业。2014 年，湖北省拥有规模以上工业企业达到 14842 家。

二、安全产业发展情况

研究显示，一些经济发达国家或地区，安全产业产值占国家 GDP 的比重可达到 8 %，而目前我国正处在城镇化和新型工业化加速发展阶段，安全产业仍处于成长期，所占 GDP 比重还不高，全国平均值不超过 1%，市场潜力较大。湖北作为经济大省，预计 2015 年全年生产总值接近 3 万亿元，而安全产业占比还不高，具备较大的市场空间。湖北省重视安全产业的发展，多个地市根据自身特点，积极谋划与布局安全产业发展。

襄阳是湖北省唯一入选首批“全国安全发展示范城市”的城市，也是第一个“全国安全产业示范城市”。在《襄阳市国家安全发展示范城市建设规划（2015—2017 年）》中明确提出要“发展安全产业园区。科学规划特色（产业）园区，清晰明确园区产业定位，合理布局入园企业，形成一体化、规模化、集约化的园区安全发展模式。加快推进化工园区（集聚区）建设，完善企业进入和退出机制，严格执行新设立危险化学品生产、储存项目必须进入化工园区（集聚区）规定，推动现有危险化学品生产、储存企业进园入区。凡分散、规模小、安全条件不达标的化工企业不进园区一律关闭。”2014 年，襄阳市安全产业产值约 200 亿元，占全市 GDP 的比重高达约 4%，处于全国领先水平。2015 年，中国安全产业协会正式授予襄阳市全国安全产业示范城市称号。中国安全产业协会等单位还授予樊城区“襄阳市应急产业示范园”称号，并决定在枣阳市展开新型燃烧技术试点。目前，《襄阳市安全产业发展规划》正在制订中，2016 年将正式出台。襄阳市计划把安全产业打造成新的经济增长点，推动工业转型升级，未来一个以“三园一区”为核心的全国安全产业示范基地有望成为我国安全产业发展的一个亮点。

赤壁市也正在建设“中部消防安全产业基地”。在公安部等部委支持下，中部消防安全产业基地建设从 2014 年开始，集多方优势资源，发挥现有消防安全产业的优势，紧紧围绕消防安全工作的总体需要，构建安全产业链，以研发制造消防设备、消防装备、消防安全仿真培训与事故演练系统等产品为重点，周密规划，科学发展。基地建设通过提供优惠政策、优越环境、优质服务，确保早日建成，产生良好的经济和社会效益。

2015年12月，随州市被评为“国家应急产业示范基地”，成为首批国家应急产业示范基地之一。随州市依托专用汽车产业优势，应急专用车在全国特色鲜明，努力打造应急产业集聚区，形成了以应急专用汽车、应急医药制造、应急救灾帐篷、应急风机为核心的应急救援保障的产业体系。全市生产应急专用车企业达26家，可年产应急专用车约7万辆，100多个品种，年产值突破了100亿元。“十三五”期间，随州将按照《中国制造2025》和国办《关于加快应急产业发展的意见》的总要求，依托“互联网+”和“一带一路”发展战略，围绕应急救援领域，丰富应急产品品种，抓好应急产业示范基地。形成多元化、外向化、多样化、一体化、平台化、系统化的产品研发与制造体系，力争到“十三五”末，形成应急专用车及配套企业200家、应急专用车种类200种、应急专用车产业产值200亿元的应急产业，实现“3个200”的发展目标。

第十二章　西部地区

第一节　整体发展情况

我国西部地区包括西南五省市（四川、云南、贵州、西藏、重庆），西北五省市（陕西、甘肃、青海、新疆、宁夏）和内蒙古、广西等十二个省、直辖市和自治区。其安全产业发展情况大致可分为明显的两个梯队，第一梯队包括重庆市、四川省和贵州省，剩余 9 个省和自治区为第二梯队。第一梯队安全产业在领导重视和政策倾斜下，安全产业市场发展较好，基地建设生机勃勃；第二梯队安全产业市场总量虽大，但由于对安全产业的认知度低，支持力度小，产业发展缺少动力，尚处待发掘期。西部地区两个梯队安全产业差距大，发展不均衡。

第二节　发展特点

一、安全产业潜力巨大

西部 12 省市区幅员辽阔，地形复杂，危险路段多，预计仅道路安全装备市场就具备千亿元规模。西部地区自然资源特别丰富：全国水能蕴藏总量的 82.5% 集中在西部地区，其中包括了全国 77% 的已开发水能资源，但仅有不到 1% 被开发利用；矿产资源储量可观（如图 12–1 所示），全国已探明的 140 多种矿产资源中，西部地区有 120 多种，一些稀有金属的储量在全国甚至世界上都名列前茅。这些矿产资源的开发利用蕴藏着巨大的安全产业市场。伴随着西部大开发脚步的深入，西部地区安全产业潜力巨大。

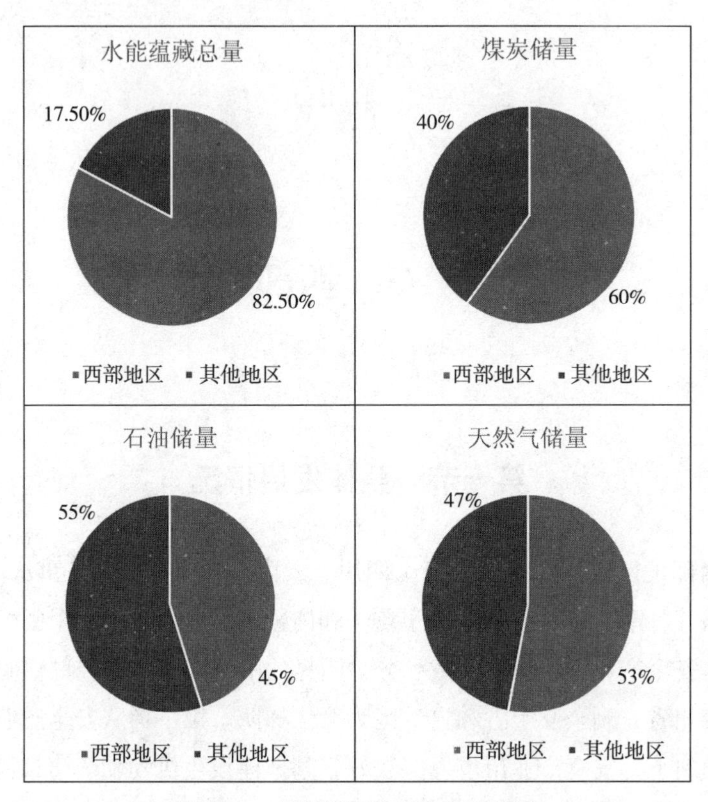

图12–1 西部地区资源占全国比重

资料来源：赛迪智库整理，2015年12月。

二、公路安全专项取得硕果

四川省公路安保（路侧护栏）工程作为省重点民生工程项目之一，于2013年启动实施。四川省位于中国大陆地势三大阶梯中的第一级和第二级，即处于第一级青藏高原和第二级长江中下游平原的过渡带，高低悬殊，西高东低的特点特别明显。高原、山地、盆地、丘陵，多种地貌集于一省，道路交通安全对司机的驾驶水平和道路的安全防护要求较高。

从四川省建设公路安保（路侧护栏）工程以来，绵阳市安全防护栏项目进展顺利，收到的效果良好。绵阳地处西南，山区面积大，公路弯多坡陡，临水临崖路况普遍，安装具有“保命”作用的路侧护栏具有重要意义。截至2016年1月，绵阳市实现了乡道及以上公路临水临崖高差3米以上危险路段安装护栏的全覆盖，有效改善了道路交通安全形势。在绵阳市的危险路段建护栏，道路交通事故明显减少，民众出行方便了，和外界的来往多了，家庭收入也跟了上来。当地百姓亲切地将沿着绵延山崖路安装的波形护栏称作大家的“保命护栏”（见图12–2）。

2015年，绵阳市交通局把公路安全护栏等作为民生工程工作重点，实行了市、县联动，层层落实目标责任。到2015年底，全市完成公路安保工程（路侧护栏）241.18公里，占目标230公里的105%。

图12–2　波形护栏

资料来源：百度百科，2015年12月。

三、产业基地蓬勃发展

西部地区发展较好、较有代表性的产业基地有中国西部安全（应急）产业基地（详见第十四章）和贵阳经济技术开发区。2014年12月8日，国务院办公厅以国办发〔2014〕63号印发《关于加快应急产业发展的意见》，成为继2012年工信部和国家安监总局联合发布《关于促进安全产业发展的指导意见》后，安全产业领域的又一重要指导性文件。2015年10月29日，首届应急产业发展大会在北京举行，贵阳经济技术开发区正式被工信部、国家发改委、科技部三部委联合评为“国家应急产业示范基地”，成为首批7个国家应急产业示范基地之一。

表 12-1　首批国家应急产业示范基地部分经济指标

序号	所在地	基地名称	应急产业经济指标
1	北京市	中关村科技园区丰台园	2014年工业总产值150多亿元，总收入900多亿元
2	河北省张家口市	河北怀安工业园区	2014年产值30.5亿元
3	山东省烟台市	烟台经济技术开发区	—
4	安徽省合肥市	合肥高新技术产业开发区	截至2014年底，规模以上工业总产值168.8亿元，营业总收入约280亿元，从业人员2.4万人，累计实现税收11.2亿元
5	湖北省随州市	随州市	2014年工业总产值112.6亿元
6	贵州省贵阳市	贵阳国家经济技术开发区	到2018年,应急装备产业企业总收入约50亿元
7	广东省深圳市	中海信创新产业城	—

资料来源：赛迪智库根据各地公布数据整理，2015年11月。

应急产业是为突发事件预防与应急准备、监测与预警、处置与救援提供专用产品和服务的产业，与安全产业相辅相成。贵阳经济开发区按照“主机带动、培育高端、军民融合、产业集聚”的发展思路，坚持发挥军工产业基础优势，以科技创新引领和提升应急产业核心竞争力，大力发展应急装备制造业，为应急产业发展奠定了坚实基础。贵阳经济开发区计划在未来三年的培育期内，利用区内多年发展形成的应急装备制造业基础优势，引进、纳入一批应急产业主机或配套企业，延伸、完善本区应急产业的产业链。构建以龙头企业为引领，重点企业为支撑的应急装备制造业企业集群。形成主机带动配套、优势互补、协同发展的应急产业体系。到2018年，应急装备产业企业总收入达到约50亿元。形成立足西南地区,面向中西部地区,具有明显辐射带动作用的国家应急产业（专业）示范基地。

第三节　典型省市——重庆市

一、发展概况

2003年,重庆市就提出了发展安全（应急）产业的建议,提出了建设安全（应急）产业基地，组建科技研发基地和安全（应急）投资集团公司的总体方案。经过几年的努力筹备,2009年,国家安监总局批准在重庆建设中国西部安全（应急）

产业基地。2011 年，《重庆市人民政府关于印发重庆市安全保障型城市发展规划的通知》（渝府发〔2011〕52 号）指出，重庆是国家中心城市、长江上游经济中心、统筹城乡发展示范区，也是全国首个安全保障型城市示范区。重庆市情特殊，大城市、大农村、大库区、大山区和民族地区并存，地形地质条件复杂，山高路险，江河纵横，极易成灾；高危行业俱全，安全投入不足，事故易发多发；市区公共安全隐患突出，地上高层建筑密集，地下管网建设滞后，事故后果严重；农村安全基础脆弱，防灾抗灾能力差。重庆安全生产面临与经济社会同步发展的艰巨任务。按照"314"总体部署、国发〔2009〕3 号文件精神，"十二五"期间，重庆担负着建设全国安全保障型城市示范区和中国西部安全（应急）产业基地的国家使命。2013 年初，重庆市政府在第 141 次常务会议上明确指出，安全产业是国家明确的战略性新兴产业，而目前重庆已具备先行发展安全产业的基础条件，聚集了一批安全产业发展的重点项目。市政府支持全市安全产业加快发展，并放开市场，鼓励有能力的企业都能参与其中，通过平台建设、政策引导和市场运作，力争到 2017 年全市安全产业实现年产值 500 亿元。

2015 年初，重庆市政府工作报告要求，深入推进平安建设。严格实施《安全生产法》，加强安全事故防控体系建设，强化企业主体责任和属地管理、行业监管责任，加强重点行业、重点区域、重点时段监管和专项治理，加快小煤矿整顿关闭，扎实做好道路交通、消防和特种设备等安全工作，有效防控重特大事故。完善防灾减灾救灾综合管理体制，推进区域应急中心建设，建成应急指挥系统，提升突发事件应急响应、处置和保障能力。

根据政府工作报告要求，2015 年重庆市以坚决防控重特大事故为核心目的，大力实施安全发展战略，持续深化平安建设，不断加强企业安全标准化、政府监管法治化、安全文化建设、行业专项整治和夯实安全保障基础"五大举措"，全面安全落实责任、加强检查督查、严格目标考核"三大保障"，安全生产重点任务顺利完成，控制指标实施良好，全市安全生产形势持续稳定好转。在安全产业作用下，全市安全生产形势有了一定好转，总体呈现"一个杜绝、两个下降、三个稳定向好"的发展态势：全年共发生各类安全事故 1142 起，死亡 1256 人，同比减少 65 起、123 人，分别下降 5.4% 和 8.9%。发生较大事故 29 起，死亡 111 人，同比减少 3 起、30 人，分别下降 9.4% 和 21.3%，未发生重大以上事故。

但重庆市安全生产形势仍不乐观，还需继续发挥安全产业提升本质安全水平、减少安全事故的巨大作用：一是事故总量仍然偏大，二是事故死亡人数相对集中在道路交通、建设施工和煤炭三大行业，三是非传统高危行业事故呈多发态势，四是一些制约安全发展的问题未得到根本解决，主要表现在从业人员安全意识不高，企业主体责任落实不够，监管能力有待进一步加强等。

二、发展重点

2015 年，重庆市将安全产业发展重点集中到了“安全防护栏”这一道路交通安全装备上。4 月 24 日，由国家安监总局、公安部、交通部联合组织的全国公路安全生命防护工程工作现场会在重庆召开，参加会议的除国家安监总局、公安部、交通部、重庆市相关领导外，还有来自全国 37 个省级及计划单列市的安监局分管领导，在现场会进行了深入交流。重庆市副市长刘强出席会议并致辞，国家安全监管总局副局长孙华山出席会议，发表题为《攻坚克难　夯实基础　加快提升道路交通安全保证能力》的讲话，强调充分认识实施公路安全生命防护工程的重要意义，肯定了公路安全隐患排查整治工作取得的明显成效，其中特别肯定了重庆市的道路防护栏工程。

实施防护工程是坚实落实以人为本理念的现实要求，是加快适应新形势新挑战的迫切需求，是有效防范群死群伤道路交通事故的重要举措。重庆市深入贯彻落实《国务院办公厅关于实施公路安全生命防护工程的意见》(国办发〔2014〕55 号)，连续十年将道路防护栏“生命工程”纳入全市民生工程，累计投入 26 亿元，安装防护栏 1.6 万公里，减少了 3600 起车辆坠崖事故，避免了 7800 多人伤亡，在探索实施企业垫资、政府逐年偿还的超前投融资模式中开拓创新，不断探索实践所积累的先进经验和做法。公路安全隐患排查整治工作虽然取得了明显成效，但应清醒认识我国公路安全存在的突出问题和薄弱环节。重庆市将进一步推广公路安全生命防护工程经验，推动各地区进一步强化公路安全隐患排查整治，有效防范和坚决遏制重特大道路交通事故。

园 区 篇

第十三章　徐州安全科技产业园区

第一节　园区概况

徐州高新区依托中国矿业大学的安全科技研发优势和高新区以矿山安全为主导的安全科技产业优势，与中国安全生产科学研究院联合建立了徐州安全科技产业园。徐州高新区通过积极集聚国内外安全科技产业企业，孵化国内外安全科技前沿技术，成为国内著名的中国安全谷。并最先在国内提出了“感知矿山”的概念，在全国第一个建立了感知矿山物联网研发中心和矿山物联网示范工程，被江苏省评为“江苏十大科技创新工程”。凭借着扎实的产业发展基础和优异的科技创新能力，徐州安全科技产业园区于2013年被工业和信息化部与国家安监总局批准为国家安全科技产业示范园区。

长三角经济发达地区先后进入工业化中后期，产业链正在持续延伸、加快发展产业集群、知识密集型、技术密集型和资本密集型为特征的产业，加速推进产业升级和产业结构调整的步伐，这些无疑为徐州市发展知识密集型、技术密集型和资本密集型的安全产业提供了历史机遇。我国在安全生产领域已连续十余年事故总起数和死亡人数双下降。煤矿事故在2014年起数和死亡人数同比分别下降16.3%和14.3%，重特大安全事故同比分别下降12.5%和10.5%，已连续21个多月没有特别重大事故发生。这与近年来矿山安全生产技术的不断创新和发展有直接关系。

2014年底，科技园区内已建成五条主干道，总长4022米；道路及配套面积128亩、绿化园区面积12亩；初步构建装备制造与系统集成产业链条，涵盖了煤矿提升、电力传动、矿山感知、应急指挥诸多方面，煤炭资源与安全开采国家重点实验室，感知矿山工程研究中心等国家级创新平台和12家省级工程技术研发中心已全部建成完工；两个“千人计划”专家团队、10余个教授创业团队、近50家安全科技产业企业相继进入园区；大型采煤机械、井下运输装备、煤炭筛分装备、安全提升装备、电气控制系统、防爆变频系统、检测控制系统等近百种涉及矿山安全的装备和系统都在这里研发和制造，形成了较为完整的产业链，实现安全科技产业年产值150多亿元的目标。经过几年的努力，徐州国家安全科技产业园已形成规模，集研发、生产、交易、大数据四位一体的“中国安全谷”的建设成效显著。

第二节　园区特色

一、打造绿色矿山，实现“121”框架

徐州始终致力于建设绿色矿山。徐州是我国传统煤炭工业基地，以中国矿业大学等高校科研资源为依托，长期致力于安全矿山的建设，努力推动以矿山物联网为代表的矿山安全技术的研发创新。目前我国矿山安全生产形势十分严峻，特别是煤炭开采行业安全事故频发。2015年，虽然我国煤矿安全生产百万吨事故起数和死亡率分别下降7.9%、2.8%，但仍高出美国产煤百万吨的死亡率10倍有余，其中重要的因素就是安全技术研发水平和安全产业发展水平严重落后。定位于研发矿山安全技术为主的徐州国家安全科技产业园的建立，对提升我国安全科技产业水平，扩大安全科技产业规模，改善我国重要的安全生产短板——煤矿安全具有重要的现实意义。徐州国家安全科技产业园未来几年的战略，即重点发展领域采用“121”框架：以矿山安全1个产业领域为主体，以矿山安全为主体，以危化品安全和交通安全为羽翼，以安全服务为支撑。徐州高新区部分矿山安全技术装备企业见表13–1。

表13–1　徐州高新区部分矿山安全技术装备企业

序号	企业名称	投资总额（万元）	占地（亩）	主要产品	工业产值（万元）	利税（万元）
1	徐州天地重型机械制造有限公司	20000	102	矿用高空车	58000	7250
2	徐州良羽科技有限公司	22000	115	矿用车驱动桥	28000	3500
3	爱斯科（徐州）耐磨件有限公司	12000	50	矿山机械耐磨件	36000	4500

（续表）

序号	企业名称	投资总额（万元）	占地（亩）	主要产品	工业产值（万元）	利税（万元）
4	徐州五洋科技有限公司铜山机电分公司	12000	48	矿用液压拉紧装置	16000	2000
5	徐州工大三森科技有限公司	800	32	矿用提升设备	13500	1687.5
6	徐州中矿大传动与自动化有限公司	1000	28	交直流传动设备	12000	1500
7	徐州润泽开关有限公司	800	6	电气相关	4000	500
8	徐州华煤矿山机械有限公司	100	3.5	矿山机械	1200	150
9	徐州中安机械制造有限公司	3300	33	悬浮式单体液压支柱、矿用皮带保护装置	9600	1200
10	徐州中矿大华洋通讯设备有限公司铜山分公司	600	24	煤矿通信设备、监控设备、软件	18000	2250

资料来源：徐州高新区，2016年1月。

二、独特的区位优势和广泛的市场需求

徐州位于东部沿海与中部地带，处于长三角经济圈与环渤海经济圈的结合部，安全产业成长和安全产业市场等领域具有独特的区位优势。中东部地区拥有广泛的潜在安全产业市场需求。处于中部的内蒙古、山西、河南等地是我国重要的煤炭产区；东部地区相对来说是我国经济发达地区，工业生产规模宏大，尤其是化工、汽车等领域已经形成规模化的产业集聚；中东部地区社会经济的迅猛发展带动了建筑行业的快速发展；煤炭、化工、建筑都属于高危险行业，交通安全是我国安全生产事故数量和死亡人数最多的领域。这些行业都是巨大的潜在安全生产市场，地处国内广阔的安全产业市场腹地的徐州安全产业园区具有得天独厚的优势，这是徐州市快速发展安全产业、提高产业竞争力的助推剂。

三、力主科技引导，实现创新驱动

将安全科技产业园区设置于高新区内，并以“国家安全科技产业园”命名，足以体现徐州对科技的重视。园区集聚科技优势，紧密结合政产学研。中国矿业大学中国安全生产科学研究院和中国矿业大学在安全技术，尤其在矿山、危化品等领域的安全技术具有超强的研发实力，是徐州安全科技产业创新发展的保障。

徐州以区域丰富的科研资源和技术研发实力为抓手，因地制宜将科研成果落地开花，实现产业化发展。高端智力资源成就了这种发展模式，生产的产品对人才素质、技术工艺都有较高要求，将科研技术成果转化为产业化生产无疑具有较高的投资风险，因此，产业园区大多集中在具有科研创新能力的区域。

四、政府和企业综合管理

“政府搭台，企业唱戏”是产业园区政企携手合作的模式，园区管理对产业园的长期发展至关重要。徐州产业园区发展初期，主要由政府牵头，负责园区产业园的规划、建设、宣传、招商引资；产业园区结合企业管理体制带来的市场需求优势，推动加速产业基地的初期建设;产业园区初具规模，政府管理逐步退出。园区运营模式主要是通过市场运作推动园区内企业的发展，从而促进徐州安全科技产业的快速发展。

第三节　存在问题

一、本土优势的潜能有待挖掘

本土资源雄厚，优势得天独厚，是安全科技产业布局规划的依据。但安全产业各园区要想做大做强，园区产业规模就不能拘泥于自有资源，必须加大招商引资力度。但是规划过分强调了发展应急产业引进国外龙头企业，却忽略了我国工程机械领域的翘楚——徐工集团。徐工集团生产的大型起重机、挖掘机、破障机等应急抢险救援工程机械技术不输于国外一些大企业。徐州市的安全科技产业布局主要集中在高新区内，而徐州天地重型机械制造有限公司、肯纳金属（徐州）有限公司、爱斯科（徐州）耐磨件有限公司和徐州良羽科技有限公司地处偏远，没有得到足够重视，这几家企业目前是国内产值规模最大的企业，分别达到 5.8 亿元、4.8 亿元、3.6 亿元和 2.8 亿元。这些企业生产的安全应急产品，技术先进，质量过硬，完全可以满足园区内安全产业发展的要求。

二、产业间的合作配套设施不足

安全产业园区忽视产业间相互关联、相互依存、相互支援的专业化分工协作，产业体系的建设和统一规划有待完善。2009 年起，徐州安全科技产业园进行了园区内的规划和建设，但是仅实现了一些企业和机构的区域集中，而彼此间的技术关联、产业发展配套设施、产业集群却不尽如人意：首先园区内以安全产业为主的企业缺乏专门配套的辅助生产设备，缺乏与之配套的生活服务设施，如标准化工厂、食堂和宿舍等。其次，配套体系有待完善。徐州国家科技产业园在部分领域有着丰富的科研队伍和良好的研发基础，在产业链上游的研发环节具有明显优势，但在投融资、技术孵化、检验检测、市场营销和安全服务等领域，尤其是促进研发成果落地、推动产品市场化的产业服务等方面，没有足够的产业支撑，致使大量的研发成果束之高阁；使得一些适合社会实际需求、技术先进的产品在市场开拓方面进步迟缓，阻碍了产业规模进一步扩大。

三、对外开放有待深入

目前，徐州安全科技集团在矿山安全、交通安全、危化品安全、应急救援等安全产业领域的技术水平和创新能力与世界先进水平仍存在很大差距。加强对外合作是徐州安全产业发展中十分紧迫的任务。在安全产业市场方面，徐州国家安全科技产业集团的产品只能面向国内市场，在国际市场缺少具有影响力的产品，无法参与国际市场的竞争；在创新资源方面，徐州现有的安全产业创新人才和创新平台源于国内，现有的产业集群尚无国外企业；无论是人员、技术，还是信息、资金等，徐州安全科技产业园与国外相关机构的合作都必须得到加强。

第十四章　西部安全（应急）产业基地

第一节　园区概况

重庆市作为我国中西部地区唯一的直辖市和全国 5 个中心城市之一，安全意识觉醒和安全工作开展早，安全产业的发展速度较快，发展水平整体较高。重庆市在实施跨越发展战略的同时，深刻认识到了安全发展的极端重要性。2009 年，《国务院关于推进重庆市统筹城乡改革和发展的若干意见》(国发〔2009〕3 号）明确指出，支持重庆市建设安全保障型城市示范区。2011 年，我国第一个安全产业基地——中国西部安全（应急）产业基地开始建设，这是落实国务院 3 号文件精神，建设“平安重庆”战略的重要举措（见图 14-1)。

图14-1　中国西部安全（应急）产业基地空间布局

资料来源：产业基地官网，2015 年 12 月。

基地包括“五大基地、十大体系”，即:安全(应急)科技研发基地、安全(应急)科研成果转化基地、安全(应急)产品制造基地、安全(应急)培训实训基地、安全应急救援基地和安全(应急)产业园区、研发中心、交易市场、培训实训中心、产品认证检测中心、物资储备库及仓储物流中心、产业基金及投融资服务中心、科普会展中心、国际交流中心、商务信息中心等。园区空间布局科学完善，积极引导安全产业各类企业、各价值链细分环节在五大专业基地形成集聚，形成优势互补、分工协作的格局。经过有序建设，2015年，基地较好地完成了其近期目标，即：在产业基地关键的开局阶段，基地需要做好基地布局规划、配套设施搭建、构建管理服务体系、确定合理的安全产业类型、招商引资等工作，完成产业基地的交通道路系统建设和水、电、气、通信、网络等管线的铺设，建立健全管理服务机构，在基地内形成一定规模的安全产业集群。

第二节　园区特色

一、产业布局重点突出、全面紧凑

中国西部安全（应急）产业基地（一期）是实现安全领域产业及相关产品开发研制、灾害应急救援的示范工程，是构建现代安全产业体系、灾害救援体系和安全产业文化观光体系等三大体系的有效载体，是促进国内安全产业基地项目发展的试金石。

中国西部安全（应急）产业基地项目规划总用地为115.46公顷，总建筑规模控制在200万平方米以内。基地用地规模较小、用地条件复杂，从规模效益和体现产业基地特色的角度出发，各产业发展围绕主导产业成片布局：固态氢系列产品及阻隔防爆撬装加油站项目占地144亩，安全应急智能电梯项目占地117亩，安全环保应急固废处理系统项目占地145亩，渝万通安全智能防火门项目占地84亩，防爆玻璃及节能门窗项目占地67亩，危险化学品仪表控制项目占地77亩，页岩气工程装备设备项目及页岩气应急救援基地占地107亩，安全工程新材料项目、可见光通信产业基地、标准厂房占地219亩。

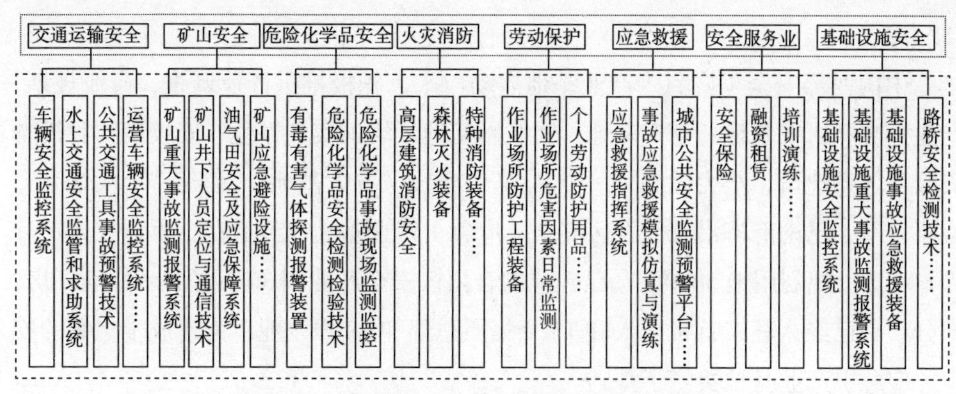

图14-2　西部安全（应急）产业基地业务架构

资料来源：产业基地官网，2015年12月。

基地将自己定位为国家安全科技研发基地、安全科技成果转化基地、安全产业化发展创新先导区、国家安全保障型城市建设核心区，以煤矿安全、交通安全、危险化学品等高危行业安全和应急救援安全（应急）产品制造业为主导，以安全（应急）服务业为支撑，力争在调整产业结构方面走出一条创新发展、健康发展、可持续发展，以制造促服务、以服务保制造的新路。

二、积极签约投资，开展合作活动

2015年5月28日至31日，第十八届渝洽会在重庆国际博览中心举行。渝洽会是重庆建设内陆开放高地的重要载体，是商务部、国务院三峡办、中国贸促会等国家部委，重庆市及全国20多个省区市人民政府联合主办的一项重要的贸易投资促进活动。经过多年的培育和发展，目前已成为西部领先，国内一流的大型国际性展会，为西部地区参与经济全球化进程、开展多种形式经贸合作、促进东中西部区域经济协调发展搭建了良好平台，对推进实施国家西部大开发战略，提高西部地区对外开放水平具有积极意义，得到参与各方和境内外客商的高度评价和充分认可。第十八届渝洽会重点推介了“一带一路”沿线和亚太国家的投资机遇，集中展示先进制造业、现代服务业和居民消费等领域的新产品、新技术，举办多场国际投资贸易高层次论坛及系列专题活动、专场投资采购对接会和区域合作等活动。

重庆市安监局及巴南区政府牵头组织了拟投资入驻中国西部安全（应急）产业基地的部分企业积极参展2015年渝洽会，签约投资项目15个，签约金额约

150 亿元。

中国西部安全（应急）产业基地启动以来，积极推进产业调查、产业规划、产业标准、研发基地、生产基地、物联网基地、培训实训基地、安投集团和投融资服务体系建设，全力做亮“一个品牌”，建设“五大基地”，构建“十大体系”。截至目前，巴南麻柳沿江开发区安全（应急）产业基地已经启动，累计投入预计为 60 亿元，规划用地 5000 亩。已建成的合川区安全产业园 30 万平方米标准厂房，部分项目已经入驻，首批拟入驻 15 个集团总部和 28 户企业，为建成千亿级的安全（应急）产业基地奠定了基础。

第三节　存在问题

一、持续发展动力不足

中国西部安全（应急）产业基地在组建、发展的过程中，始终以地方自主政策支持为主。首先，基地发展未获国家政策倾斜。2015 年 9 月，首批国家应急产业示范基地开始申报。一个月后评审工作完成，共有 7 家申报单位通过审核，成为首批国家应急产业示范基地。在国家层面，中国西部安全（应急）产业基地 2015 年未获支持。其次，地方支持力度降低。2015 年初重庆市召开的“两会”确定了集成电路、液晶面板、物联网、机器人、石墨烯和纳米新材料、新能源及智能汽车、页岩气、MDI 一体化、生物医药、环保装备等为重庆市十大战略性新兴产业，虽然安全产业与其中的物联网、机器人、新能源及智能汽车、环保装备等多个产业存在交叉，但由政府提出的发展目标来看，重庆市 2015 年对安全产业的支持力度势必低于往年。

二、安全龙头企业欠缺

基地一期进驻的企业有重庆骏宏光电科技有限公司、重庆成宇安全防护网有限公司、重庆仕兴鸿精密机械设备有限公司、重庆沁锋安全防护设备有限公司、重庆飞澳停车设备有限公司、韩国宝罗电子科技有限公司、长春双龙专用汽车制造有限公司等 7 家企业。其中，骏宏光电是中国安全生产“千项新型实用产品”企业之一，同时是中国 LED 安全照明产品标准制定企业；长春双龙专用汽车制造有限公司的危化车、特种车项目达到了国内先进水平。可以看出，基地在招商引资方面主要还是面向重庆本地和国内企业。虽然不乏骏宏光电、长春双龙这样的国内先进企业，但在参与国际竞争方面，中国西部安全（应急）产业基地显然还没有一批在国际上享有知名度和影响力的龙头企业带领基地发展。

第十五章　合肥公共安全产业园区

第一节　园区概况

2015年12月，国家安监总局、工信部正式批复，同意合肥高新区创建国家安全产业示范园区。这是继徐州、营口创建专业性安全产业园区之后，国家安监总局、科技部批准创建的全国唯一一家综合性安全产业示范园区。近年来，合肥市安全产业发展迅猛，紧紧抓住国家大力发展安全产业的战略机遇，依托全国科教基地和科技创新城市的区位优势，以及区内雄厚的安全科研力量和成熟的安全产业基础，全力打造国际领先的国家安全产业示范基地。

以“领军企业——重大项目——产业链——产业集群——产业基地”为发展思路，加速发展公共安全产业园区。目前，安全产业已迅速发展成为高新区第二大产业，形成了显著的产业集聚和带动效应。据不完全统计，2015年营业收入已超350亿元，产业园区拥有企业250余家。园区内，以中电三十八所、量子通信、美亚光电、科大立安、四创电子等知名机构和企业为代表的产业集群主要从事交通安全、矿山安全、消防安全、电力安全、安全信息化五大类行业，研发生产了大量国际国内领先的安全产品。

第二节　园区特色

一、政府高度重视园区发展，营造良好环境

合肥市政府高度注重安全产业企业培养和扶持，为企业发展创造良好环境。一方面，着力培育创业企业和科技型中小企业。引导现有骨干企业通过上市、兼

并、联合、重组等方式，加快形成一批具有行业特色、产业优势、规模效应和核心竞争力的大公司、大集团。同时，积极依托规划部署，着力引进产业关联度大、带动力强、产业链长的安全产业重大项目，不断壮大企业主体，夯实产业发展基础。另一方面，为加快合肥安全科技创新集群建设，合肥市政府还着力引导相关企业树立品牌意识，争创中国驰名商标、安徽省著名商标等，同时结合合肥市安全产业特色、资源优势和区域文化，开展系列宣传和文化活动，提升集群的文化内涵、影响力和知名度，形成产业集群品牌。

二、发挥龙头企业带动作用，以市场化运作为主

“政府搭台，企业唱戏”是产业园区政企合作的模式，园区管理对产业园的长期发展具有重要影响。以龙头企业带动为主导，依托科大立安、工大高科、电力继远、安徽江河、三立自动化、世腾信息为实施主体，以中国科技大学火灾实验室、中国航空集团、中国科学院合肥物质研究院、煤炭工业合肥设计研究院等为研发平台，围绕防灾减灾的产业或产品，带动相关企业实行专业化分工和社会化生产与服务的模式。在此过程中，政府为促进我国公共安全产业发展，增强安全保障能力，在重大项目的落地开工上发挥主要推动作用。在产业园区具有一定规模和基础后，政府管理将逐步退出，仅负责维持产业园区的生产秩序和公共设施维护工作，园区以企业化发展模式为主，通过市场运作来有效推动园区内企业的发展。

三、信息技术成为发展突出特点

合肥高新区以新一代信息技术应用为核心，加强前瞻部署，强化创新能力，突破产业化瓶颈，在新一轮技术和产业革命中率先突破并产生协同效应，掌握了发展主动权。合肥高新区在发展高科技，实现产业化的进程中，一直在努力寻求和拓展新兴产业的着力点和突破口，通过园区的创新发展，使“高”和“新”的内涵得到充分的拓展。最终选定以信息技术作为安全产业发展的着力点和突破口，主要是源于合肥市委、市政府对安全产业发展战略的高度重视和超前谋划，也是基于安全信息技术的发展前景，做出的一个综合预判和科学的考量。如中国电子科技集团第三十八所的合成孔径成像雷达（SAR）遥感成像技术处于世界先进水平，在淮河水灾监测、数字城市建设中得到成功应用；由国际领先的浮空器搭载的空中监测系统，成功应用于奥运安保和2010年世博会，被誉为“世博天眼”；

四创电子的应急指挥车已成功进入人防、公安、消防等公共领域，分布于10多个省市，占据整个市场份额的60%。

四、五大产业集群逐渐完善

当前，合肥安全产业园的集群效应初步显现，五大产业集群逐渐完善，即交通安全产业、矿山安全产业、火灾安全产业、电力安全产业及信息安全产业集群（见图15-1），这五大部分也是合肥市安全产业需求十分突出的重点领域。从事故发生实际情况来看，道路交通、矿山、火灾等领域是我国事故多发领域，也是我国安全产业发展的重点领域。根据国家有关部门统计，道路交通、火灾、工矿商贸是事故发生起数最多的三个领域，三者的事故总数占各类事故总数的98%以上；事故死亡人数合计占96%以上。其中，建筑施工和矿山事故起数和死亡人数最多。因此，合肥高新区通过信息化手段，将交通安全、矿山安全和火灾安全，作为安全产业突出发展的重点，电力安全的发展方兴未艾，信息安全对上述安全领域起技术支撑和保障作用。

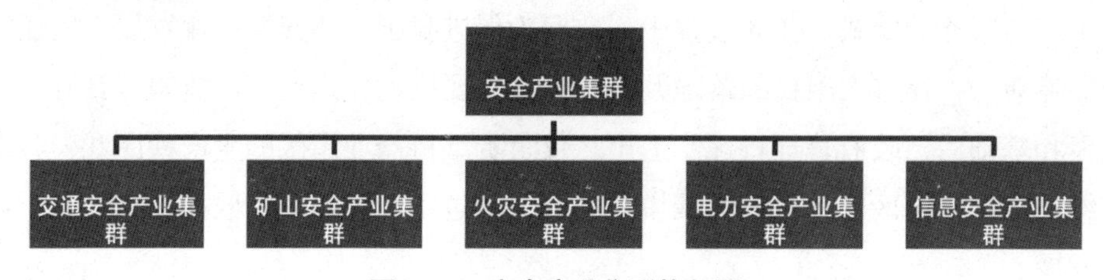

图15-1　安全产业集群构架图

资料来源：赛迪智库整理，2016年1月。

五、优化投资环境的公共服务平台建设

一是加快高新区创新平台建设。早在2009年5月，安徽省政府明确在合肥高新区建设自主创新平台，定位为科技创新服务中心和科研集群基地、孵化基地、产业基地，即“一中心三基地”。平台一期55万平方米建成投用，二期项目71万平方米已建成。250家企业和合肥科技创新公共服务中心、安徽省科技成果交易中心等一批公共技术平台相继入驻。二是强化孵化器、加速器建设，搭建创新创业平台。目前，合肥安全产业园内国家级科技企业孵化器8家、省级科技企业孵化器4家，已建成孵化器、加速器面积100万平方米，规划建设100万平方米。

在孵企业1000多家，提供就业岗位1.8万个，各类企业400多家。

第三节　存在问题

一、产业链关联协同效应有待完善

与新能源、生物产业、新能源汽车等新兴产业不同，合肥安全产业虽然总体上仍处于初期发展阶段，但产业内各个不同领域的发展进度有所不同。例如安全信息系统中量子通信，从芯片制造商到设备制造商，从系统集成商、体系运营商再到应用开发商，发挥了产业集群效应。但从总体来看，主要集中在产业链的下游，尚未形成一个完成的产业链体系。产业链不完整，产业集聚度不高，有盆景没风景，产业链核心环节缺失，配套不完善，关联性不强，未形成以点带线、以线带面的联动效应。并且，由于合肥安全产业园缺乏龙头企业，企业之间专业分工和配套体系仍在培育初期，产业链中各环节的关联发展、协同增值效应尚未得到充分体现。与此同时，招商引资工作更多的是从扩大产业规模的角度去考虑，对基于产业发展战略规划引进关联度高、协同性强的龙头型、基地型企业的工作考虑不多、做得不够。

二、创新驱动发展模式尚未建立

第一，研发创新不足。安全产业在本质上是个创新型产业，特别在合肥高新区，以新一代信息技术为发展重点，在很大程度上依赖研发创新的支持。从世界范围来看，研发创新做得好的区域，往往能够形成创新型产业发展的良好环境，形成支撑产业持续发展的核心动力，如美国的硅谷、波士顿128号公路沿线、日本的筑波、印度的班加罗尔等。从安徽省合肥市安全产业发展现状来看，存在着“大而不强”的突出问题，如产品附加值低、企业研发投入少、产业链关键与核心环节薄弱等，产业发展总体上处于价值链的低端，与经济发达地区江苏、广东、北京、上海等地仍有差距。要改变这种局面，研发创新是根本途径。第二，对安全产业辐射带动作用小。安全信息化技术作为安全产业发展的主体之一，是安全生产领域事前预防、过程控制和事故应急救援的基础。目前，合肥市安全产业与其他产业相比，无论产业总量还是企业规模，都还处于起步阶段，安全产业的重视程度和安全技术水平都亟待提高。社会生产稳定、人民生活安定迫切需要持续、健康发展，尽快形成完善的安全产业体系，提高安全技术、装备和服务水平，提升安全生产能力，但实际上，安全产业的发展，远低于整体经济的增长水平，没有完全发挥出信息技术对安全产业的支柱和引导作用。

三、产业配套设施严重不足

合肥安全产业园区统一规划不足，并没有建立起相互关联、相互依存、相互支援的专业化分工协作产业体系。目前，企业和机构仅仅是实现了地理上的集中，彼此间的产业和技术关联不强，缺乏产业发展配套，产业集群尚未形成。主要表现为：首先，以安全产业为主的园区缺乏专门的辅助生产配套，如分析检测设施、水电气供给、物流运输、产品包装、仓储等，也缺乏相应的生活服务设施配套，包括标准化工厂、食堂和宿舍等。其次，配套体系有待完善。部分领域有着丰富的创新人才和良好的研发基础，在产业链上游的研发环节有着显著优势，但在投融资、技术孵化、检验检测、市场营销和安全服务等产业链的其他环节，尤其是对于促进研发成果转化、推动产品市场化的产业服务环节，缺乏相应的产业支撑，使得大量的研发成果，只有少数实现转化投入生产；一些适合社会实际需求、技术先进的产品又在市场开拓方面进步迟缓，导致成果转化率较低，产业规模发展有限。

四、招商引资针对性差

近几年，合肥高新区囿于资源、区位等因素，产业跨越式发展动力不足。如产业关联度高、带动性强、市场前景好的大项目招商难度较大，缺乏对大项目所需的资源配置，无法满足企业的要求。特别是部分在谈的重大项目都面临其他地区的激烈竞争，有的项目已经竞争到白热化的地步，有的地区甚至不惜血本来争抢大项目。大项目需要更加优惠的政策支持，甚至需要付出一定的成本。

第十六章　北方安全（应急）智能装备产业园

第一节　园区概况

中国北方安全(应急)智能装备产业园坐落于营口高新区，总规划面积15.7平方公里，按照立足营口、服务东北、辐射全国的定位，以“应急”“智能”为特色，构建以矿山安全（应急）智能装备制造为主导，以危险化学品、交通运输等领域安全（应急）智能装备制造和安全（应急）装备的物流运输、市场贸易为辅助，以安全监测预警为主要技术方向，以智能安全（应急）装备为特色，产业体系完善的安全（应急）智能装备产业。中国北方安全（应急）智能装备产业园具备较好的科技基础，拥有中科院、航天研究院、农科院、水科院等科研院所和清华大学、中国矿大、北科大、北联大、哈工大等高校，建立了国家级技术转移中心分中心、创业服务中心和生产力促进中心等机构，这些科技研发平台和成果转化平台为安全装备产业发展提供了研发设计、检验检测、质量标准认证、培训教育、信息服务等支撑和保障。

目前，北方安全（应急）智能装备产业园拥有安全装备相关企业约50家，产值规模超过了100亿元，研发集聚效果和产业集聚效果都开始展现出来，整体的概念性规划和实体性拓展已经完成。园区初步形成了以矿山安全装备制造和智能系统研发为主、以应急救援工程机械制造为辅的安全装备产业体系；同时，也初步形成了以营口高新区为主要承载区、布局重点园区的安全装备产业发展格局。2014年7月24日，中国北方安全（应急）智能装备产业园被国家安全监管总局、工业和信息化部正式列为“国家安全产业示范园区创建单位”。

北方安全（应急）智能装备产业园将以“重点突出、协调兼顾”为原则，着

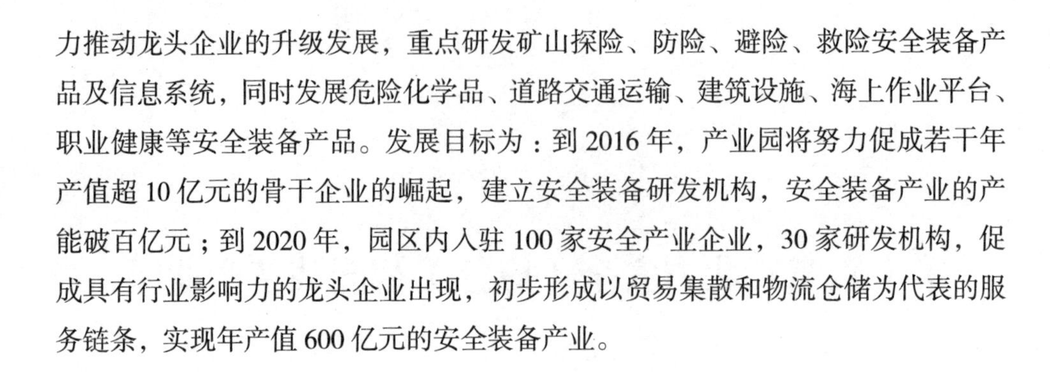

力推动龙头企业的升级发展，重点研发矿山探险、防险、避险、救险安全装备产品及信息系统，同时发展危险化学品、道路交通运输、建筑设施、海上作业平台、职业健康等安全装备产品。发展目标为：到2016年，产业园将努力促成若干年产值超10亿元的骨干企业的崛起，建立安全装备研发机构，安全装备产业的产能破百亿元；到2020年，园区内入驻100家安全产业企业，30家研发机构，促成具有行业影响力的龙头企业出现，初步形成以贸易集散和物流仓储为代表的服务链条，实现年产值600亿元的安全装备产业。

第二节　园区特色

一、提前部署，把握安全智能装备产业风向标

作为国家高新区，营口高新区在发展高科技，实现产业化的进程中，一直在努力寻求和拓展新兴产业的着力点和突破口，通过园区的创新发展，使“高”和“新”的内涵得到充分的拓展。最终选定发展安全智能装备产业，主要是源于营口市委、市政府对创新驱动发展战略的高度重视和超前谋划，也是基于安全装备产业的发展前景作出的一个综合预判和科学的考量。

二、园区内龙头企业各具特色

当前，越来越多的安全装备企业在营口高新区集聚，近50家安全装备相关企业获政府重点支持，龙头企业发展各具特色。例如，营口瑞华高新科技有限公司专注于提供数字化矿山整体解决方案的研发，其基于802.11n煤矿井下无线多功能信息传输平台与人员定位系统、智能型多功能真空断路器分别获得了国家发明专利与实用新型专利，同时填补了国内外技术空白；作为首家提出以“大救援体系”为设计理念的企业，卓异装备旨在提供全程式救援服务，已成为我国救生舱市场的领跑者（见表16-1）。

表16-1　营口市安全装备主要企业

序号	企业名称	主要装备
1	辽宁卓异装备制造有限公司	井下救生舱及救生舱生保系统
2	营口瑞华高新科技有限公司	基于802.11n的煤矿井下无线多功能信息传输平台与人员定位系统的研究与应用

（续表）

序号	企业名称	主要装备
3	营口中润环境科技有限公司	矿用移动救生舱配套
4	营口山鹰报警设备有限公司	智能应急照明和疏散指示系统，电器火灾报警控制系统
5	大方科技（营口）有限责任公司	GJG10J光谱吸收甲烷传感器
6	营口龙辰矿山车辆制造有限公司	矿用窄轨防脱轨行走机构安全人车
7	营口赛福德电子技术有限公司	大空间自动寻的喷水灭火系统、图像型火灾探测器
8	新泰（辽宁）精密设备有限公司	精密铝铸造
9	营口圣泉高科材料有限公司	酚醛树脂生产
10	营口巨成教学科技开发有限公司	突发事件现场伤员应急救援培训系统

资料来源：赛迪智库整理，2016年1月。

三、政府高度重视园区建设

全力打造安全（应急）智能装备产业园是营口市委、市政府从战略布局角度确定的一个发展重点，已经写入营口市委全会报告、营口市政府工作报告等。同时，营口市成立了以市长为组长的国家安全装备产业示范园领导小组，实施组织有力、实施有效的工作机制和保障体系。

四、不断加强服务平台建设

金融服务体系建设方面，营口高新区被辽宁省金融办确定为科技金融试点单位，基本形成了以企业为主体、商业信用为基础、政府为保障、投融资平台为纽带的市场化投融资服务体系。目前，营口高新区有2家担保公司、4家小额贷款公司、1家投资公司和3家保险公司，注册资本达到4.25亿元。创新创业平台建设方面，营口高新区形成了涵盖辽宁渤海科技城、卓异创新产业园等一城多园的发展模式，可为安全装备产业发展提供研发设计、检验检测、质量标准认证、信息服务等支撑和保障。

第三节　存在问题

一、产业趋同化竞争严重

营口安全产业园区定位于安全（应急）智能装备，产业内容相对单一。在安全产业的发展方向中，根据我国经济发展状况和特点，需要以煤矿、非煤矿山、突发事件、消防安全、交通运输、铁路运输、建筑施工、危险化学品、烟花爆竹、民用爆炸物品、冶金等为重点。但实际上，除西部安全（应急）产业基地的产业综合发展外，其他园区多集中在产品制造方面，尤其是矿山安全产品、应急救援产品，安全服务业和其他行业领域的安全产品十分缺乏。特别是有些安全产业园区为短期内形成大规模产能，基本上延续了“投资驱动”和“规模扩张”的老路，未经深入调研，不顾当地产业集聚的条件，进行盲目建设，致使一些园区名称不同，内容雷同，同质化现象非常严重。

二、研发基础相对薄弱

从产业链的构成来看，营口的安全（应急）装备产业集中在产品制造环节，相对而言，产业链上游的研发设计和下游的安全服务业比较薄弱。由于安全产品具有很大的公共性，企业研发动力明显不足，政府和市场又缺乏很好的引导，最终企业只会从自身利益考虑，而不愿意投入研发，研发基础较弱。一是从营口市当前的产业发展布局来看，主要围绕现有的冶金、石化、装备制造、镁质材料、纺织服装和新型建材六大主导产业，安全（应急）装备产业所获得支持有限。二是从现有的研发能力来看，主要集中在新材料领域，国家认定的企业中心只有1家，缺乏国家重点大学、行业内重要研究结构、大型企业研发结构等方面的有力支撑。三是复合型安全产业高端人才缺乏。营口市具有丰富的劳动力资源，全市拥有50多万熟练的产业工人，每年约3万多名大中专、技工毕业，但熟悉安全产业市场的管理和营销等高端人才保障不足。

三、招商引资针对性较差

营口高新区囿于资源、区位等因素，产业跨越式发展动力不足。如产业关联度高、带动性强、市场前景好的大项目招商难度较大，缺乏对大项目所需的资源配置，无法满足企业的要求。特别是部分在谈的重大项目都面临其他地区的激烈竞争，有的项目已经竞争到白热化的地步，有的地区甚至不惜血本来争抢大项目。大项目需要更加优惠的政策支持，甚至需要付出一定的成本。

企 业 篇

第十七章　杭州海康威视数字技术股份有限公司

第一节　总体发展情况

一、发展历程与现状

杭州海康威视数字技术股份有限公司，简称海康威视，创业于2001年11月，是我国领先的监控产品供应商，致力于对视频处理技术和视频分析技术的探索及创新。持续快速发展的海康威视，已经成长为中国首屈一指的集安防产品创新研发、制造于一身的大型企业。不断推出的核心产品始终保持中国市场占有率50%以上，成为该领域名副其实的领跑者。海康威视量身定做的专业产品和系统化解决方案遍布金融、电讯、电力、水利、教育行业、公安、交通、司法、军队等领域。海康威视产品在全球安防产业和重大活动中都领衔主演，其主打产品DVR/DVS/板卡、摄像机/智能球机、光端机等常年保持国内市场占有率第一的优势，网络存储、视频综合平台和中心管理软件等产品在安防市场得到了广泛应用。全球领先的监控产品、专业的解决方案和专业的优质服务，使客户得到价值最大化的体验。成立不到十年的海康威视于2010年成功上市（股票代码：002415）。

作为研发型供应商，海康威视秉承技术创新为立业之本。在成立初期，海康威视就抓住了中国安防产业正从效仿到自主研发转型这一大好时机，以自主创新为主打，继而在业内占据了领导地位。海康威视以技术为撒手锏，把每一款产品都力争做到极致，这是其成长为全球第一大硬盘录像机供应商的关键。海康威视的摄像机凭借相对的技术优势，在国内市场处于绝对领先地位。由单个产品的研发，继而开拓更广阔的领域，海康威视研发出视频综合平台产品，该产品将视频编码、解码、矩阵切换、画面分割显示控制等功能集于一身，有效解决了大系统的实施问题。

高效持续发展的海康威视全球化战略的推广取得成效，产品远销全球100多个国家和地区，有些产品在高端应用场合成为首选品牌。海外销售连年以100%的速度增长，成为公司销售额的重要来源。海康威视除了在中国内陆35个城市拥有分公司之外，还在全球设立了20家全资或控股子公司，有效缩短了与终端用户的距离。在国内重大项目中，海康威视成为在安防领域保证活动顺利举办以及项目高效竣工的强有力后盾，这其中包括：国庆六十周年大阅兵、上海世博会、青藏铁路、北京奥运会、亚运会、大运会等。海康威视稳居2014年财富中文网公布的"中国500强企业"408位，占据2014年中国十大视频监控设备公司的榜首。在MFNE法兰克福发布的2015年度全球安防50强榜单中，海康威视跃居"全球安防50强"第二名，蝉联亚洲第一。这是自2007年海康威视首度进入a&s"全球安防50强"之后取得的最好成绩。海康威视连续四年蝉联全球CCTV以及视频监控设备市场占有率第一，在业内取得领先成绩，2014年海康威视完美收官，以家用、互联网为依托"生活向"产品将在2015年茁壮成长，据海康威视2015年上半年业绩报告显示，公司净利润总额22.07亿元，同比增长45.20%，超过了预期2015年增幅40%。海康威视凭借其强大的研发能力，以大量的技术积累和技术快速商业化的能力为后盾，保证公司既能研发应用Sman技术，又能在H.265标准出现后及时切入。全球营销网络的建立，更使海康威视成为世界上的佼佼者。

以"专业、厚实、诚信、持续创新"为宗旨的海康威视，2015年推出了"智能安防2.0"概念，坚持一年一款新产品，将为人民打造安全型社会的理念渗透整个行业，始终站在安防产业的前沿。

二、生产经营情况

海康威视在2014年营业收入172.33亿元的基础上，2015年继续保持持续高增长，据海康威视发布的2015年上半年业绩报告显示，公司营业收入97.96亿元，比2014年同期增长64.48%。其中国内市场营业额71.32亿元，比2014年同期增长64.48%；海外市场营业收入25.66亿元，比2014年同期增长58.73%。公司2015年上半年净利润22.07亿元，比2014年同期增长45.20%。

第二节　主营业务情况

海康威视最初从市场中寻找项目，到成功进入安防产业，关键是海康威视善于洞察安防市场需求变化趋势和技术创新前沿，及时、准确地抓住了安防市场正从模拟监控系统到数字监控系统转型这一有利时机，设立专门的市场研究机构，贴近市场，从而提升了公司的市场地位，成为监控数字化、网络化的重要推手，高清化、智能化的领跑者，成为互联网智能视频业界风向标。

海康威视十余年来致力于在安防产品的新领域、新用途、新技术中寻找新的机会。从2001年开始做安防产品到2009年设立独立部门做解决方案，再到2012年第三项业务——“民用互联网”业务出台，海康威视每一次业务的延伸拓展既是公司发展的需要，也是“源于客户的需求”。当前安防装备应用领域，工业市场已近饱和，民用市场大有作为。能否最先抢到市场份额就显得尤为关键。海康威视在明晰自身实力和竞争格局的情形下，毅然选择以民用安防产品作为互联网应用为切入点。

平安城市的建设为安防产业带来勃勃生机，而交通、校园、金融、能源等行业对安防的大幅度需求更是锦上添花。根据行业特点，制定适合该行业的解决方案迫在眉睫。海康威视有备而来，总部垂直管理的售后服务体系，各地、各地区的子公司近距离贴近客户，了解客户需求并快速做出反应，高效快捷的本土化服务为海康威视赢得更多客户。

海康威视于2013年开始面向个人和家庭用户推出“萤石”互联网业务，随着互联网企业融合安防的进一步深化，应用市场需求扩大。随着央视和“萤石”合作直播台风“灿鸿”登陆舟山，人们更多地了解了“萤石”。这款定位于小微企业、家庭用户和个人互联网业务的产品——“萤石”的推出，是海康威视进军互联网领域，开启新一轮业务扩张所释放的信号。

海康威视在传统行业、工业制造行业、互联网等领域多方位布局，例如联合互联网企业推出云服务、推出工业立体相机。从单一的“安全防范”领域到开辟“应用领域”，海康威视无疑是成功的。

第三节　企业发展战略

一、技术创新

海康威视庞大的研发团队，囊括专利 344 项，软件著作权 115 项，可谓硕果累累。强大的技术实力不仅在我国安防装备领域遥遥领先，在全球安防企业中也是赫赫有名。海康威视的技术研发团队不仅规模大，研发效率也是业界领先。究其原因：一是保持高投入，连续几年，海康威视研发的费用占销售额的 8% 左右，这是推动技术不断领先和超越的物质基础。二是构建的研发流程系统规范科学。从底层编解码算法、各分支硬件设备，再到基础平台系统架构，最后到行业应用系统解决方案，海康威视对“核心技术、关键环节、主流市场”进行了细分，每一环节都由经验丰富的研发人员带队。三是建立垂直扁平化的技术支持队伍。安防业界覆盖面最广最深的支持体系的建立，不仅可就近及时响应各类合作伙伴及用户的项目保障和需求，还支撑了前端的销售工作，更为研发部门反馈一线的技术功能以及需求信息。

二、市场策略

海康威视始终坚持“产品的质量是企业的生命”这一宗旨，将致力于为广大客户提供优质的安防产品和服务，持续为客户创造最大价值放在企业发展的首位，多年来海康威视就是通过高品质过得硬的产品和专业周到的服务赢得了广大客户的认可和信任。海康威视严格遵循“可靠性优先”的原则，创建了一整套科学规范的质量控制体系，并在实际运用中不断加以改进和完善，使之更趋合理。海康威视生产的产品都要按照 ISO 9001:2000 质量管理体系，进行严格的科学可靠性测试，以保证公司产品的高品质。公司产品必须通过 UL、FCC、CE、CCC、C-tick 等认证后，才能准入市场。公司十分注重绿色环保，把研发绿色安防产品始终放在生产首位，生产出的产品必须得到 RoHS 和 WEEE 环保指令。一系列缜密科学的举措强有力地保障了海康威视产品的高品质。

坚持“以市场为导向”的原则是海康威视快速发展的制胜法宝。过硬的产品，必须以市场为依托。公司通过建立三级垂直服务体系，快速有效的本土化服务，

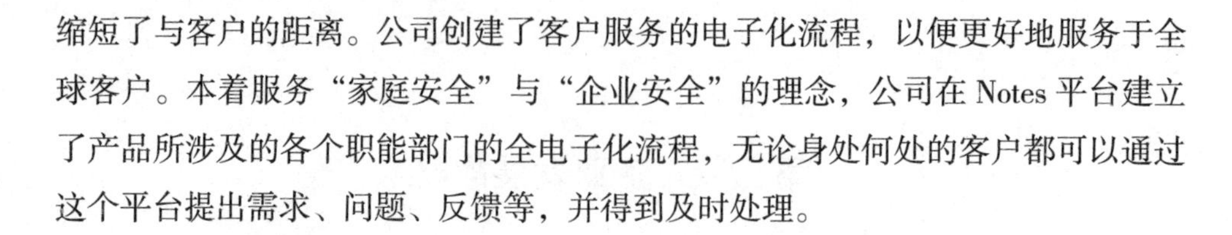

缩短了与客户的距离。公司创建了客户服务的电子化流程，以便更好地服务于全球客户。本着服务“家庭安全”与“企业安全”的理念，公司在Notes平台建立了产品所涉及的各个职能部门的全电子化流程，无论身处何处的客户都可以通过这个平台提出需求、问题、反馈等，并得到及时处理。

三、运营管理

市场发展背景下的顺势而为是海康威视成功的关键。创业之初，海康威视及时准确地抓住了市场由视频监控向数字监控转型的机遇；在高起点发展中，又不失时机地抓住了我国安防市场需求激增的契机，完成了一次飞跃；现在，一路高歌的海康威视又瞄准了“互联网+”。关键时期成功转型，成就了今日的海康威视。

海康威视发展的历程，也是不断创新现代管理体系的过程。内部组织的架构整合与布局，外部业务并购的顺利完成，充分展现了海康威视基于产业发展趋势，准确把握机遇的韬略和前瞻性。

一是在内部组织的架构上，实现了治理结构的整合与布局。企业架构随着规模的不断扩大及时调整和变革，创业之初，股东和经营层权责分工明晰、各司其职，2010年公司成功上市，这意味着公司已从以自我约束为主的企业走进了公众视野，随时接受公众监督，公司的发展更加透明、更加规范，符合资本市场管理。

二是在外部业务上实施有效并购。近年来，海康威视瞄准市场，业务扩张到系统技术、软件技术、安防设备租赁服务等领域，在杭州、重庆等地设立子公司。跟进产业在技术与应用创新、业务模式和项目建设模式创新的步伐，从而有效地满足了市场的需求。海康威视从产业资本角度考虑，先后并购了北京邦诺存储科技有限公司、上海高德威智能交通系统有限公司、北京节点迅捷技术发展有限公司以及与其关联的公司。国内市场迅速扩张，一系列并购的成功，海康威视实现了在交通行业市场的快速拓展的战略目标，实现了在IP监控前后端产品链的整合，从安防监控到安防报警的横向业务扩张的战略决策。

四、全球化发展战略

安防装备企业的发展可分为四个阶段。我国大企业大多处于第二、第三发展阶段，海康威视已站在第四阶段，积极拓展海外市场，成为我国安防产业的领跑者。

海康威视也同国内大部分公司一样，海外市场都是从事OEM加工，贴牌生产起步的，一直到2007年，海康威视修正了海外市场策略，研发属于自己的品牌，逐渐占据海外市场。2015年海康威视推出了基于H.265（数字视频压缩技术）的整体解决方案，推出了拥有自主专利的编码技术Smart264，抓住了安防产品的IP化大潮。海康威视从贴牌到模拟到IP化的过程中，依托技术创新，创建自主品牌，快速追赶海外的先进企业并逐步建立自己的海外营销体系；公司加大海外各种资源的投入，目前海康威视在洛杉矶、意大利、法国、波兰、阿姆斯特丹、英国、中国香港、迪拜、孟买、圣彼得堡都设立了全资或控股子公司，强有力地支撑了当地的业务；计划准备在南非、巴西等地设立分支机构。公司一方面加大扩张海外市场的力度，另一方面继续加强组织力量研发高端产品、保障供应链与海外业务衔接的顺畅。

从2013年起，海康威视在海外市场自有品牌的认知度迅速提升，海外市场有巨大的上升空间，形成了以自主品牌为主，OEM为辅的利好局面；2014年海康威视依托人员团队本土化、品牌定位自主化、销售仓储服务化的国际2.0策略，在国际市场上自主品牌的知名度迅速提升；2015年在CPSE安博会上海康威视"雄鹰"系列行业级无人机、"鹰眼"全景摄像机、"猎鹰""闪电"专业智能分析设备以及DT1.0、Smart265技术的亮相，更是确定了海康威视全球第二企业的地位。

第十八章　徐州工程机械集团有限公司

第一节　总体发展情况

一、发展历程与现状

徐州工程机械集团有限公司（以下简称徐工集团）成立于1989年3月，总部位于徐州经济技术开发区，现有固定资产150亿元，职工26000余人，是中国工程机械行业无论是规模，还是产品品种及系列最齐全、最具竞争力和影响力的大型企业集团，位列中国工程机械行业第一，世界工程机械行业第五。

徐工集团主要产品有起重举升机械、路面压实机械、土石方机械、桩工机械、汽车及专用车机械、混凝土机械、环卫机械、军工以及液压、电控、传动等核心零部件。其“三高一大”产品：四千吨级履带式起重机，两千吨级全地面起重机，第四代智能路面施工设备，12吨级中国最大的大型装载机，百米级亚洲最高的高空消防车等，颠覆了全球工程机械行业，产生了巨大影响。目前，徐工集团拥有国产首台套产品100多项，囊括有效授权专利2156项，其中授权发明专利164项。

“十二五”期间徐工集团在徐州竣工投产了全地面起重机、装载机智能化、混凝土泵送机械、混凝土搅拌机械、挖掘机械五大产业新基地。同时，积极实施“走出去”战略，在欧洲、北美投资建立全球研发中心，在巴西投资建设辐射南美的制造基地，在“一带一路”沿线国家和地区投资设立了合资公司。目前产品销售网络覆盖173个国家及地区，在世界范围建立了280多个徐工海外代理商，无论用户身处何地，都能提供全方位营销服务，在行业内连续26年保持出口额第一。徐工集团9类主机、3类关键基础零部件，市场占有率居国内首位；5类主机出口量和出口总额持续位居国内行业榜首；汽车起重机、大吨位压路机销量居世界第一。

二、生产经营情况

2014 年徐工集团实现营业收入 808 亿元，利税总额 21.8 亿元，出口创汇 6.87 亿美元。2015 年以来，面临行业市场低迷、需求急剧下滑的局面，徐工集团笃定“坚守、改革、创新、国际化”四位一体“珠峰登顶”的战略新路径，以“三严三实”作风积极应对，不断深化机制改革，推进企业转型升级，逆势强化市场优势和竞争位置，主要指标持续保持行业第一；产业、产品、产能调整取得突破；海外布局、全球运营发展进入快速通道，2015 年实现营业收入 756 亿元，利税总额 14.5 亿元，出口创汇 6 亿美元（见表 18–1）。

表 18–1　2013—2015 年财年收入

财年	营业收入情况		净利润情况	
	营业收入（万元）	增长率（%）	净利润（万元）	增长率（%）
2013	9302287	–8.1	207337	–29.9
2014	8081463	–13.1	97124	–53.1
2015	7560000	–6.5	12000	–87.6

资料来源：徐工集团，2016 年 1 月。

第二节　主营业务情况

2015 年面对工程机械行业市场持续低迷，需求急剧下滑的局面，徐工集团以改革创新和坚定执着、扎实务实的工作作风强有力地应对，始终坚持“三个更加注重”的战略经营指导思想和“三个全面”的战略经营指导方针，突出转型升级这条主线和技术创新与国际化两个战略重点，着力调整结构，强控风险，全力开拓，使全线产品逆势强化了市场优势和竞争位置。主要指标持续保持全国行业第一和世界行业第五。主要有“六个有力表现”：

一是力推改革。从干部队伍优化开始，强有力打出“改革组合拳”，推进冗员清理和新“三定”，干部员工队伍工作和精神状态都好于以往。将六家企业资产装入徐工机械，促进上市公司利润多元化。推进数项基地调整转产，强化内部产能调剂，推动资产证券化，提升资产使用效率和盈利能力。推进核心骨干认购总规模为27747万元资管计划，骨干层以自费改革、自担风险的担当精神，迈开集团国企改革第一步。

二是力降成本。班子提出班子成员降薪10%，中层干部降薪8%，一般人员降薪5%，此次降薪不涉及一线工人。管理费用、销售费用、存货及日常费用开支同比大幅压降，大宗物资集采降本1亿多元；全力以赴抓应收账款清欠、逾期应收账款处置和风险管控。

三是力拓优势。汽车起重机、压路机、旋挖钻机、摊铺机、平地机、随车起重机、高空消防车等主机，市场占有率稳居行业第一；汽车起重机、随车起重机、高空消防车等，国内市场占有率都在55%以上。挖掘机、塔机跻身国内行业前三和前两强，装载机居于行业前四强。高端机型表现强劲，130吨以上超大吨位轮式起重机市场占有率提升12.7个百分点，稳居第一；6吨以上大吨位装载机市场占有率提升4.7个百分点；单钢轮全液压压路机市场占有率提升6.4个百分点。

四是力促转型。成立军工部，深度拓展军民融合领域范围，今年军用工程机械列装将首破10亿元，同比增长2.6倍；消防车列装武警部队近10亿元。重卡新基地投产，全新汉风重卡投放市场受用户青睐。新分立的成套性环卫装备、隧道及铁路施工装备快速切入市场；新涉足的信息技术、投资金融、经营租赁等业务加快裂变式发展。

五是力拼海外。在尼日利亚拿下中国工程机械非洲出口第一大单等一批海外大单，与全球主要外资品牌在世界各区域市场已开始短兵相接。徐工在海外市场有超过110个一级代理商、拥有260个服务网点和200多个备件网点，产品远销174多个国家；在中亚、中东及俄罗斯、澳大利亚等“一带一路”国家市场占有率已位居全球行业前三位；海外二手车、海外融资租赁与经营租赁等新业务加快布局，跨境电商实现线上销售。并购的德国施维英公司实现经营性盈利，实施巴西基地新赢利模式，将加快跻身当地主流工程机械企业之列，受到访问巴西的李克强总理的充分肯定。

六是力夯创新。加紧德国、美国、巴西、上海四大区域研究中心建设，吸引一批海外高水平专家；系列巴西型、北美型当地化产品将投放市场，中德联合创新的液压阀项目不断取得突破性进展。国家级高端工程机械智能制造实验室申报获得国家科技部批准。继续逆势保持强大研发投入，仅对集团级十几项重点技术创新项目的奖励就达千万元；对标国际标杆的千吨级起重机、大吨位装载机等技术指标与质量性能持续提升，批量进入市场替代国外垄断；推进新型电控变速箱的批量配套，实现螺旋减速机的小批量试制；“大型工程建设成套吊装设备关键技术与应用”项目获得江苏省和中国机械工业科技进步“双料一等奖”。2015 年 1—11 月份各产品板块市场地位及占有率见表 18–2。

表 18–2　2015 年 1—11 月各产品板块市场地位及占有率

产品板块	产品	行业排名		市场占有率		
		本期	同期	本期（%）	同期（%）	同比（百分点）
起重举升机械	汽车起重机	1	1	52.1	53.4	–1.3
	履带起重机	2	2	23.2	24.2	–1
	随车起重机	1	1	52.8	54.8	–2
	塔机	2	2	9.3	12.8	–3.5
	施工升降机	4	4	3.6	1.3	2.3
路面压实机械	摊铺机	1	1	21.5	26.3	–4.8
	压路机	1	1	28.5	27.3	1.2
	铣刨机	2	—	19.4	—	—
土石方机械	挖掘机	3	7	7.8	5.9	1.9
	装载机	4	5	12.3	10.7	1.6
	平地机	1	1	28.3	31.5	–3.2
桩工机械	旋挖钻机	1	1	35.3	27.8	7.5
	定向钻	1	1	35.1	31.9	3.2
	掘进机	6	7	5.7	3.5	2.2
混凝土机械	混凝土泵车	3	3	11.8	18.3	–6.5
	混凝土搅拌车	4	4	6.2	5.8	0.4
	混凝土搅拌站	3	3	4.8	4.7	0.1
汽车及专用车	重卡	11	12	0.9	0.6	0.3
	消防车	1	1	64.7	63.9	0.8
	高空作业车	3	3	13	11.3	1.7
	桥梁检测车	1	1	35.2	40.8	–5.6
环卫机械	车厢可卸式垃圾车	4	3	4.6	4.8	–0.2
	垃圾压缩车	9	11	2.4	1.4	1.0
	扫路车	7	6	1.4	1.5	–0.1
	洗扫车	5	8	1.7	1.2	0.5

资料来源：徐工集团，2016 年 1 月。

第三节　企业发展战略

一、产品技术战略

（一）构建技术评估体系，为制定战略提供依据

公司大力实施技术创新工程，遵循以工程机械为主导的产品向多元化发展的战略，建立了国家级技术中心的研发体系。公司拥有一支强大的科研开发队伍，其中包括1400余名具有硕士以上学位、做到了工程机械总体设计、结构分析、液压、传动、智能控制、试验测量等各个学科全覆盖的主任设计师队伍，在行业中保持了领先。

（二）建设技术创新平台，提高技术创新能力

按照公司“千亿元、国际化、世界级”的战略目标和“抢占行业技术制高点”等要求，公司以国际标杆企业的先进技术和标准为目标，积极开发和采用适用的先进技术，走出了一条从引进、消化、吸收、再创新到集成创新、颠覆式创新的自主创新之路。

公司创建并拥有行业内首个国家工程机械智能控制工程技术研究中心和行业内首个企业试验研究中心，建有传动、液压、智能控制、材料、油品、结构、整机、振动噪声、土壤力学及焊接等10个实验室，拥有可倾斜式传动实验台、动力匹配综合实验台、多路阀实验台、马达可靠性实验台、螺纹插装阀实验台、MTS结构疲劳实验台、道路模拟实验台等150多台大型实验设备，为技术创新提供支撑。

（三）制定技术创新目标，增强技术领先水平

按照公司“三高一大”产品研发战略，运用系统的科学分析方法，公司技术委员会根据科技发展战略布局、实施期限以及针对于计划的可行性、实用性分析等因素，制定科技发展目标和计划。各事业部等单位技术委员会根据目标和计划及市场调研结果，确定技术创新和改造项目计划，并列入公司年度综合预算计划，由公司职能部门对其管控、考核。

二、市场营销战略

（一）细分市场定位，实施差异化策略

公司分别按照区域、产品、渠道和顾客群等因素进行市场细分，并根据区域市场特征，一方面不断研发、改进区域适用性产品，另一方面针对区域总体需求走势，提前规划介入，适时开展区域促销会议。对于西南、华北等竞争对手地缘优势较强的区域，加强市场跑动力度，加大市场拓展力度，强化顾客关系维护，制定区域针对性营销政策，扩大市场影响力，提升区域市场份额。

在国际市场上，公司根据市场的利润及市场总额增长的速度选择目标市场，了解目标市场的市场类型，帮助制定营销策略。南美、中东、中亚是公司当前出口的核心市场，欧美是公司未来需要进一步开拓的高端市场，目前市场定位为树立形象，尤其是树立质量与品牌形象；非洲、东南亚是具有较高增长潜力的新兴市场，公司将进一步规范销售渠道，发展当地经销服务商，以抢占市场份额，提高市场占有率。

（二）关注潜在顾客与市场

工程机械企业竞争日趋激烈，公司除了解现有顾客和市场的同时，还持续关注潜在顾客与市场，收集竞争和市场情报，以拓展新的市场。

在国内外主要竞争对手产业布局中较为重要的大客户、主流零星顾客群体、经销商等，以及公司尚待开发或进一步拓展的目标市场中的新购顾客。

公司主要通过市场调研、实地考察、第三方机构、行业协会、行业媒体、竞争对手顾客、竞争对手经销商、竞争对手供应商、相关施工单位以及针对性的项目调查等方式对潜在顾客与市场持续开展全方位的监控研究。

（三）了解顾客期望和需求

工程机械市场的顾客购买决策因素多样化，公司针对不同类型的顾客，通过大型展会调研、顾客走访、网络问卷、电话回访、400 跟踪等多种方式进行大量的调研，并通过对调研结果的分析，准确把握顾客购买心理，助力公司市场拓展。

大客户是公司重要的战略市场资源，为切实把握公司大客户需求及期望，公司自上而下设置有完备的大客户管理体系，专人专职负责大客户工作，深入市场前端，采用定期组织顾客拜访、电话回访、专题访谈等方式。

（四）合理运用市场信息，强化顾客导向

为实现“始于顾客需求，终于顾客满意”的目标，公司以市场营销部、科技质量部为主体，建立了一套完整的闭环收集与分析体系。

利用400热线，将一般顾客反馈信息储存在CRM系统，形成顾客需求与期望数据库，并归纳出汇总资料，同时通过安排大客户拜访、实地调研、技术交流等方式，收集、分析大客户反馈，传递至研发、生产、营销等单位。

三、管理创新战略

（一）完善创新管理架构

深化主机事业部内部深度整合；适时开展零部件业务整合及组织架构变革，加快液压、传动、电控系统等产业发展，打造公司核心零部件产业；深化公司四大业务平台的精细化管理，特别是要夯实营销服务和研发平台协调效应的发挥；加强对经营风险的预防过程管理和应变能力，加强对突发性事件的危机处理和公关能力。

（二）创新国际化管控

围绕全球化运营管控能力的打造，分阶段、有次序地搭建世界级的全球管控体系，包括运营体系、文化体系、产品创新体系、市场管理体系和服务体系。建立健全海外管控模式与流程，逐步提升国内事业部/分子公司参与海外事务的能力，注重自身国际化人才队伍的建设，加强海外战略研究与市场拓展等能力。

（三）创新产权制度和优化资产结构

全力突破混合所有制改革，有效放大国有资本带动力，激发国企活力。引入产业基金模式，搭建投融资平台，创新公司管理团队与骨干队伍期权、当期收益与企业发展绩效密切结合的激励机制，着力推进骨干层持股突破，赋予公司未来活力和创造力。在今后新成立公司推行股权多元化和经营骨干层持股。

（四）创新企业文化新内涵

建立公司品牌架构管理系统，系统、精准传播品牌的核心价值，塑造徐工国际化品牌形象。以公司核心价值观为导向，建立开放氛围，系统开展全球员工文化的融合，坚守责任担当，燃烧创新激情，释放企业活力，创新企业文化新内涵。细分市场定位、实施差异化策略。

第十九章　威特龙消防安全集团股份有限公司

第一节　总体发展情况

威特龙，全称为威特龙消防安全集团股份有限公司，是中国领先的消防安全整体解决方案提供商，公司位于成都市高新技术开发区，拥有北京运营总部以及17家分公司，营销网络和服务体系遍布全国。公司确认为国家火炬计划重点高新技术企业，公司始终遵循“服务消防、尽责社会”的企业宗旨，热忱致力于“主动防护、本质安全”创新安全技术与应用的研究，面向全球市场提供领先的消防安全产品、行业安全装备以及消防工程总承包、消防技术服务等全方位消防安全整体方案，是中国工艺消防的领导者，互联网+消防技术与产业的先行者，为社会消防安全持续创造最大价值。

威特龙坚持技术创新，成功搭建了“四川省工业消防安全工程技术研究中心”“省级企业技术中心”“油气消防四川省重点实验室”等科研创新平台，先后承担了“天然气输气场站安全防护系统”“大型石油储罐主动安全防护系统”“公共交通车辆消防安全防护系统”“西藏文物古建筑灭火及装备研究”“风力发电机组消防安全研究”“白酒厂防火防爆技术研究”“中国二重全球最大八万吨大型模锻压机消防研究”“大连化工事故池消防安全研究”等，涉及覆盖国家能源安全、公共安全、文物安全等领域的重大科研项目，突破完成了油气防爆抑爆、煤粉仓惰化灭火、白酒防火防爆、高压细水雾灭火、大空间长距离惰性气体灭火等科学前沿技术；先后获得国家专利130余项，其中25项属发明专利；获得国家科技进步二等奖、三次获得省部级科技进步一等奖，一项国家重点新产品奖。参与并制修订国家、行业和地方标准20余部，威特龙创新并引领了“主动防护、本质安全”技术的发展。

公司不仅拥有国家住建部颁发的“消防设施工程设计与施工壹级”资质，并以创新的技术、个性化的服务和国内外产品获得认证的优势，全方位为石油石化、电力、交通、冶金、国防、航空航天、公共建筑、文物古建、市政建设等提供了优质的消防安全整体解决方案，是中石油、中石化、中海油、延长油田、中国神华、中国铝业、中国移动、中船重工、中航工业、国家电网、五大电力、中国建材、宝钢集团、大连港集团等企业不可或缺的重要合作伙伴。

战略引领，创新驱动。公司的发展赢得了资本、资源和人才的聚集，多种合作模式缔造了战略联盟。突破新型防火材料、车辆消防和智慧消防，成功打造了集团发展新动能。公司作为中国安全产业协会消防行业分会的理事长、民营军品企业全国理事会消防专业委员会的理事长单位，威特龙深知提振中国民族消防产业任重道远，始终将消防安全产业的整合与跨越发展作为己任。

第二节 生产经营状况

自动灭火系统、电气火灾监控系统、行业安全装备的研发制造、消防工程总承包及消防技术服务等是公司运营项目，并能为不同行业提供项目规划、项目管理、系统方案、设计咨询、工程技术及实施、维护保养等诸多方面消防安全整体解决方案。

2013 年、2014 年及 2015 年 1—3 月公司主营业务之一消防设备销售及消防工程总承包施工业务收入，占营业收入比重分别为 99.63%、99.96% 和 99.90%，公司主营业务成绩喜人（见表 19-1、表 19-2）。

表 19-1 威特龙 2013 年、2014 年及 2015 年 1—3 月财年利润情况

项目	2015 年 1—3 月		2014年		2013年	
	金额（万元）	占比（%）	金额（万元）	占比（%）	金额（万元）	占比（%）
主营业务收入	3430.97	99.90	30848.30	99.96	17422.00	99.63
其他业务收入	3.34	0.10	13.07	0.04	64.30	0.37
合计	3434.31	100.00	30861.37	100.00	17486.30	100.00

资料来源：威特龙，2016 年 1 月。

表 19-2　威特龙财务收入中消防设备销售收入和消防工程总承包施工收入具体情况

项目	2015 年 1—3 月		2014 年		2013年	
	金额（万元）	占比（%）	金额（万元）	占比（%）	金额（万元）	占比（%）
消防产品	950.93	27.72	16295.97	52.83	9557.47	54.86
消防工程施工	2480.04	72.28	14552.33	47.17	7864.52	45.14
合计	3430.97	100.00	30848.30	100.00	17421.99	100.00

资料来源：威特龙，2016 年 1 月。

第三节　企业发展战略

公司从单一消防设备制造商成功发展成消防安全整体公司主营业务包括消防设备销售及消防工程总承包施工解决方案提供商，关键之一就是坚持了“战略引领，创新驱动”的决策，主打“集团化、产业化、行业化、国际化”的战略决策，以创新果敢的精神，全力打造具有国际影响的属于我国特有的消防企业。公司重实效，科技研发成果要落地开花，产业布局和区域布局趋于合理，公司北京总部运营基地的筹建已在北京通州紧锣密鼓进行。借助作为政治、经济、文化中心的北京，其独特区域优势和人才资源优势，势必能承担起公司市场运营、战略发展的重任，并成为构筑完整产业链条，搭建全面资源整合平台，显著提升公司可持续发展能力的推手。在发展中壮大，公司逐渐构筑和完善了自身的企业特色和独特的经营模式。

一、缔结跨平台战略联盟，合力推动消防安全产业发展

公司主力于消防安全产业的整合，搭建跨越发展的平台，身兼中国安全产业协会消防行业分会理事长和民营军品企业全国理事会消防专业委员会的理事长，董事长汪映标担任中国安全产业协会副理事长，共同参与中国安全产业协会战略决策，同时负责消防行业分会工作。中国安全产业协会的目标是，承担国务院和国家部委的安全智库参谋部，构建多功能平台，实施安全产业、产业技术、产业商业模式的创新，以财政产业基金、银行和保险资金为基础，进而引导民间资金、境外资金共同组建安全产业投融资体系，致力于安全产业，以其实现安全产品装

备全国，进而服务世界。

公司以四川省工业消防工程技术研究中心以及油气消防安全四川省重点实验室为依托，实施消防行业专家整合，打造专家集聚平台的战略。威特龙注重市场拓展，相继与中国石油安全环保技术研究院大连分院、公安部四川消防研究所、神华科技发展有限公司、公安部沈阳消防研究所、陕西坚瑞消防股份有限公司等单位签署战略合作协议，成为战略合作伙伴。以其独特的创新消防PPP、互联网+等多种商业模式，成功实现了多层次、全方位的战略联盟，联手推动行业快速发展。拟联手全国各地的消防协会、消防生产企业、施工企业、技术服务企业等共同完成行业整合。

二、完善产业链发展，推动行业整合

消防安全是保障公共安全的特殊行业，与人民生命财产息息相关。公司目前经营的消防产业链中主要含防火规范制修订、消防产品研发、相关设备制造、消防工程设计、消防技术咨询、消防工程施工和维护保养服务，其中加强行业装备产品的研发制造是重中之重。新型防火材料、车辆消防和智慧消防的新业务为未来发展的突破，将有助于推进消防全产业链业务。根据市场和用户的需求不断创新服务模式也是未来公司发展的重点突破，由最初的生产、销售模式，侧重发展到建设—交付模式（BT模式）、PPP项目合作和租赁托管模式等，提升服务空间，提高服务的附加值。

三、“主动防护”核心技术落地开花，行业解决方案打造蓝海市场

威特龙消防是属于国家火炬计划高新技术企业，自成立以来始终将技术研发创新作为提升公司地位，具有核心竞争力的关键，秉承“主动防护、本质安全”为宗旨。公司已经形成完善了石油石化、军队、电力、公共交通、新能源、文化遗产、冶金7个行业的整体解决方案，并拥有9种产品，17个型号的行业专用产品。预计公司所占有的消防市场容量达30多亿元。

公司拥有多项前沿技术储备，既包含文物建筑人工光源消防安全、民航重大事故消防灭火救援、石化企业电气安全监控及火灾预警、煤粉泄漏事故主动防护、危险化工品事故池消防设计，也包含防火材料等与现有业务紧密相关的其他领域的探索，这些技术储备是公司强大的生命力。

四、权威认证的高端系列产品为抢占传统市场提供了保障

公司拥有的32种产品、120个规格的消防产品，涉及气体、水系统、泡沫、干粉、细水雾等行业专用产品，形成了日渐完善的产品体系，基本满足了目前消防工程的需求。低压二氧化碳灭火系统是公司主打产品，是目前国内低压二氧化碳灭火系统检验报告最齐全的，拥有从1吨到25吨各种规格的产品检验报告，威特龙成为国内唯一一家有能力生产低压二氧化碳灭火系统最大吨位——25吨规格产品的企业。公司的产品分别获得公安部消防产品合格评定中心颁发的3C认证，欧盟CE认证，美国FM认证，产品走向国际。

五、跨行业发展，路越走越宽

长期以来，威特龙以技术的领先、服务的优质和国际国内对产品认证的优势，无疑为公司的发展打开绿色通道。

作为公司强大生命的创新研发队伍，以其高素质的技术、勇于开拓进取、以其敏锐的观察力、前瞻预见性、不断地为公司注入新的活力，成为公司快速健康发展的保障。

第二十章　中防通用电信技术有限公司

第一节　总体发展情况

中防通用电信技术有限公司（简称：中防电信），是国内专业从事安全物联网领域的远程智能监控系统的运营服务、研发制造的高新技术企业，集系统平台开发、硬件研发、硬件制造、运营服务为一体的“大安全”综合服务企业之一。

中防电信已经建立北京“安全物联网监控管理平台”研发中心、河北张家口“硬件研发、试验、展示、制造”基地、武汉市“硬件（智能通信终端、智能摄像机）”研发中心、西安市“光学（紫外、红外、激光）应用”研发中心。

中防电信注册在河北省张家口市怀安县国家应急产业示范基地，一期占地52.14亩，目前已经建设的有设备房、研发中心、员工服务中心、物流配送中心及4个车间，员工人数达100人，其中研发人员48人。预计2016年下半年完成二次装修，投入正常使用。

中防电信在河北已申请注册中防通用河北保安服务有限公司，拟申请中防通用河北应急体验培训中心，该中心的成立将成为国内领先的应急模拟演练中心，辐射京津冀、山西、内蒙古等地区，推广安全文化，提高人民的安全防范能力。

中防电信是“中国安全产业协会”的常务理事单位，同时作为主发起单位，已筹备成立中国安全产业协会物联网分会，分会会员遍布全国，会员单位已累计近百家。中防电信依托“中国安全产业协会”的战略合作关系，将推动物联网技术在应急产业和安全产业的广泛深入应用，促进我国安全产业快速健康发展。

中防电信以“总体国家安全观”为企业战略方向，以国务院办公厅《关于加快应急产业发展的意见》为企业中短期工作重点，正在全面推进安全产业在社会中的研究与应用。

中防电信强大研发团队以物联网技术为企业技术创新之本，所研发的产品通过多项国家专利认证及公安部消防局3C认证。同时联合产学研，与工信部安全司、清华大学等机构建立了良好的战略合作关系，着眼于行业尖端技术与标准，与时俱进开发新技术和新产品。

第二节　主营业务情况

中防通用电信技术有限公司在物联网、互联网等新时代浪潮的推动下，凭借高度的集成性和兼容理念，灵活地融合运用各种物联网和云计算技术，整合各种类型的传感设备和应用系统。软件平台服务遵从严谨成熟的四层平台设计体系，集统一指挥、统一建设、统一设计、统一管理和统一服务于一体的优秀特质。其下涵盖安全防范服务子系统、消防安全子系统、安全生产安全运输子系统、智能配电监控子系统、电气火灾预警子系统、综合管理分析子系统等十几个子系统，软件系统平台涉及安防、消防、民爆、危化品监管、矿产、电力、石油化工等众多行业领域，为安全行业提供全方位立体化的解决方案和运营报警服务。

目前，业务主要方向包括周界防范、出入口管理、离岗检测、人数统计、会议信息管理、巡更管理、重点区域入侵检测、火灾安全监测、智能配电九个方面。平台系统具有强大的兼容性与可扩展性，随着业务方向的开辟而不断拓展，建构集安全、高校、统一于一体的综合物联网管理平台。

一、中国安全产业物联网监控平台

（一）平台简介

公共安全物联网监测预警平台构建完成后功能将覆盖安全产业的各个方面，触角涉及国家公共安全、平安城市、智慧城市、智慧交通、森林防火、智能社区、智能楼宇、安全生产、远程医疗等多种领域，服务于个人家庭、商业店铺、行政企事业单位、大型国有企业等提供全方位远程监管服务。

中国安全产业物联网监控平台运用了四项通信技术：短波、微波、互联网、卫星通信，实现全国多网络覆盖，达到四网互通、互联、互助，确保任意时间、

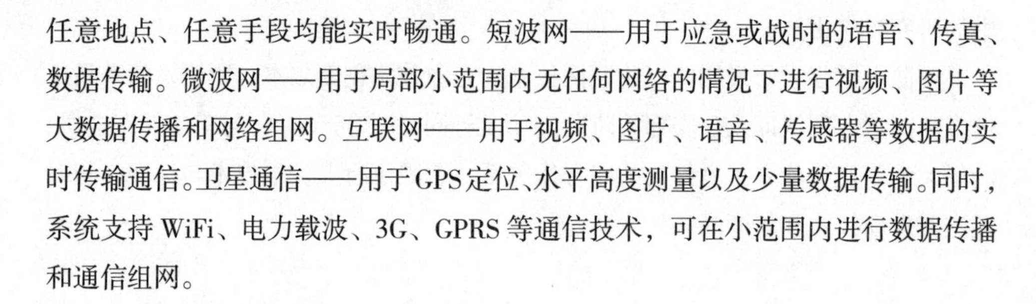

任意地点、任意手段均能实时畅通。短波网——用于应急或战时的语音、传真、数据传输。微波网——用于局部小范围内无任何网络的情况下进行视频、图片等大数据传播和网络组网。互联网——用于视频、图片、语音、传感器等数据的实时传输通信。卫星通信——用于GPS定位、水平高度测量以及少量数据传输。同时，系统支持 WiFi、电力载波、3G、GPRS 等通信技术，可在小范围内进行数据传播和通信组网。

（二）总体研发规划

平台内容主要包含以下几个方面：

平台应用基础设施——运用尖端技术实现对网络互联互通整合，实现信息资源的整合与共享；通过各种感知手段和采集技术实现各区域实时感知、监测的全覆盖。

平台云计算系统——对信息中心数据处理设备进行增配和扩容，引入云计算技术、构建集云基础设施、云数据中心、云服务平台为一体的应用支撑云平台，进一步提高信息中心运算处理能力、存储能力、管理能力和资源使用率，实现数据的深度整合和智能分析。

建设智能化安全综合管理信息云平台应用服务平台——打造集安防、消防、智能配电监控、日常工作等为一体的综合管理应用服务，该平台包括周界防护系统、智能视频防护、电子巡更、出入口控制、入侵报警、智能配电监控于系统、值班管理系统等其他应用系统，全面提高信息共享力度。

建设智能化安全综合管理信息云平台支撑保障体系——基础网络保障体系、新兴技术保障体系、标准规范支撑体系等。

建设智能化安全综合管理信息云平台信息安全保障体系——平台安全保障体系、服务安全保障体系、终端安全保障体系、管理安全保障体系。

二、硬件产品

中防通用电信技术有限公司的硬件产品长期以来秉持低功耗、高效能、高可靠性和安全性的设计理念，摄像机有效像素支持 300 万至 500 万，支持电子防抖，适合各种行业需求。高清球型网络摄像机可达到四路码流同时输出，图像在任何速度下无抖动，支持背光补偿、硬件一体恢复，为全工业级设计（见表 20-1）。

表 20-1 中防通用主要硬件产品功能

名称	功能
智能通信监控终端（N2800）	运行前置软件系统、中小企业通信系统、智能视频监控算法并完成对传感器、摄像机的数据采集和控制等功能
监控设备	高清网络数字摄像机、用于对监控区域的视频采集和图像采集
光纤在线检测仪	用于远程接入温湿度、烟雾浓度、有毒有害气体、红外、震动、漏水漏雨等传感器设备
撤防布防智能终端	为用户提供撤防布防操作终端，同时用户亦可通过智能终端实现远程和楼宇间语音对讲

资料来源：中防通用，2016 年 1 月。

三、软件系统

（一）系统结构

公共安全物联网监测预警平台系统按照最先进的分布式云模式搭建，能承载千万级甚至更高的数据量，能适应于各种用户环境，满足不同的用户需求，强大的系统数据及通信保障分析功能，能实时监测用户停电事故的发生，并迅速以短信或电话的方式告知用户。系统整体上分中控系统和前置系统两大部分，中控系统包括：数据存储系统、通信系统、业务逻辑系统以及人机交互系统四大子系统；前置系统包括：主通信系统、辅助系统、文件系统、存储系统以及外围设备通信系统。

（二）系统功能

前置系统：对各种传感器、摄像机、外接设备、第三方系统的数据采集、计算、存储和数据上传；采用心跳机制实时监测各个设备的工作状态；响应中控系统下发的控制命令，如：摄像机转动、各种数据上传、系统更新、系统修复、设备重启等；实时进行告警判断，上传告警数据。

中控系统：实时接收前端系统上传的各种数据；实时处理大数据的并发；实现千万级甚至更高的数据存储；对前置系统、外接设备进行远程控制；获取任意监控点的实时监控视频画面；根据用户需求建立不同大小的云端服务平台；实现分行业管理、分业务管理、分功能管理、分需求管理，根据实际项目需求对其进行配置和划分，将其划分成不同子系统，如：可将所有环保监测数据进行划分，构建成环保监测系统，和环保部门做数据对接；可将所有消防监测数据进行划分，构建成消防监测系统，和消防局做数据对接。

四、外接传感设备

外接传感设备集群是平台感知层建设的重要基础。根据实际系统需求新增的智能感知设备组成的智能感知网络，实现整个平台运行动态实时监控和信息采集，做到“无盲区，无死角”的全方位监控。

根据平台的实际功能需求及系统性建设条件，感知层的设备应用主要集中在以下方面：

通过引入 RFID 技术，实现对重要人员、物资（如车辆、外来车辆、临时人员、工作人员等）的信息化和智能化实时管理。

通过二代身份证过闸机、身份核录仪、生物特征识别技术等，实现内部及外部的出入口控制、行为管理等功能，大大加强安全防范。

传感器设备（如烟感、温感、摄像头、报警主机等）实时反映被监测物体的参数，高灵敏度特性利于及早发现安全隐患，及时排出，将损失降到最低，保障人员及设施的安全。

引入物联网传感技术，通过电子围栏、电子腕带、语音围栏、红外探测等技术，实现对周界、重要场所等的非法入侵报警的智能防范。

视频监控摄像头覆盖整个区域范围，通过对其增加传感和智能分析功能，形成安全的神经末梢，实时提供周边及内部的动态监测。

通过引入传感器技术，在供水系统、管道等各系统中嵌入传感器，传输各种感知和报警信息，打造集监控、图像分析、智能处理、主动报警等多功能于一体的物联网预警监控体系。

通过引入或使用现有的消防报警联动主机，实现对各类消防传感器的信号采集，并及时触发报警，将火灾扑灭在萌芽期。

通过使用电气火灾监测仪表，及时发现并排除电气火灾隐患，保障发射中心电气设备及人员的安全。

通过使用智能配电监控仪表，实现实时电能质量参数采集分析，保证电气设备的用电安全，防止带来不必要的损失。

第三节　企业发展战略

一、引进先进技术

（一）云计算技术

云计算是通过网络提供动态易扩展虚拟化的资源。云计算甚至能达到每秒10万亿次的运算，强大精确的计算可以用于模拟核爆炸、预测气候变化和市场发展趋势动态，用户也可以借助电脑、笔记本、手机等方式进入数据中心，满足自己的需求。

（二）现代通信技术

通信工程专业主要是研究信号的产生，信息的传输、交换和处理，以及计算机通信、数字通信、卫星通信、光纤通信、蜂窝通信、个人通信、平流层通信、多媒体技术、信息高速公路、数字程控交换等方面的理论和工程应用问题。现代通信技术起始于19世纪，随着现代技术水平的不断提高而得到迅速发展。

（三）传感器技术

传感器技术是智能防范管理系统感知层核心技术，是感知事件的主要手段。各种传感器的引入，将使平台安防、消防管理变得更加智能，是平台应用智能化、信息化建设的重要举措。

（四）RFID技术

RFID技术作为物联网感知层核心技术，通过射频信号实现无接触信息传递并通过所传递的信息达到识别目的，在实现智能主动式监控、重点人员、车辆定位管理上有独特的优势。

（五）智能视频监控技术

智能视频监控技术是在视频监控下计算机视觉和模式识别技术的应用。它主要是自动检测、跟踪和分析视频图像中的目标，从而使用户不关心的信息通过计算机自动过滤掉，通过诸如火焰检测、通道占用检测、离岗检测、开关门状态检测、疲劳度检测、入侵检测、震动检测、物体遗留检测、打架斗殴检测、骚动、奔跑检测、可疑人员徘徊检测、范围聚众检测、车牌检测、目标跟踪检测、车辆逆行检测、物体分类检测、亮度检测、颜色检测等丰富的智能解析技术分析理解视频画面中的内容，提供对监控和预警有用的关键信息。

（六）周界防范技术集群

在科技还没有足够发达之前，大多数场所为了防止非法入侵和各种破坏活动，都只是在外墙周围设置屏障（如铁栅栏、篱笆网、围墙等）或阻挡物，安排人员加强巡逻。目前，犯罪分子利用先进的科学技术，犯罪手段更加复杂诡异，传统意义上的防范手段对要害部门、重点单位安全保卫工作已失去效应。随着科学技术的发展推动，各种周界探测技术不断出现，各种入侵探测报警系统融入到安防领域，成为安防领域的重要组成部分——“周界防范”。周界防范即在防护区域的边界利用周界防范技术集群如微波墙技术、红外对射技术、电子脉冲技术、张力网设计、震动电缆技术、电子巡更技术等形成一道可见或不可见的“防护墙”，当有人通过或欲通过时，相应的探测器立刻会发出报警信号送至安保值班室或控制中心的报警控制主机，同时发出声光报警、显示报警位置。

二、采用合理的生产模式

公司根据信息电子产品的生产特点以及市场响应速度要求，合理进行资源配置和利用，在“基线产品 + 定制产品”的基础上形成了“自主生产 + 外协加工”的生产模式。视频监控产品生产的核心环节包括两部分，一是以公司自行研发的以编解码技术、视频采集技术等各类技术为基础的价值实现过程，包括产品的系统（整机）设计、产品的机械结构设计、电子电路的设计开发、嵌入式软件的设计开发以及生产工艺的设计；二是产品的高技术含量工序，即软件嵌入、PCBA件检测、部件电装、联机调试、成品调试检测等环节。

三、推出前端的高精产品

经过对市场的深度研究，中防电信引进国外先进技术，以高于同行业的技术规格成功推出多种高端产品。目前，公司产品分为四类：智能通信监控终端、监控设备、光纤在线检测仪以及配套产品。这四类产品在工业自动化、物联网、智能交通、网络安全、医疗设备等领域都可以得到广泛应用，为推动我国安全产业基础建设发展做出了努力。值得一提的是，中防电信推出的智能通信监控终端

ZF-XF280041以其低功耗、高性能、高可靠性、安全性和强拓展性，一面世便得到市场的一众好评。从软件、硬件到系统，中防电信都可以根据客户需求进行专业化的定制服务，提出专业的解决方案，解决客户之所需。

四、针对全国范围进行市场推广

针对公共安全物联网监控预警综合平台的需要，中防电信将建设以县级区划为基本单位，大区域为核心，覆盖全国的办事处。初步设计以北京为中心，下设五大区域：东北大区、华北大区、西北大区、华东大区和华南大区；大区域下辖县级地区办事处，由大区域总监负责管理。

大区主要对所辖办事处进行管理，制定所在区域的发展规划并上报北京总部，在获得批准之后，负责贯彻落实。同时，按照发展规划指导工作，对所辖区域的工作进行监督。

县级办事处的主要职能是提供产品的售后服务，开拓当地市场，维护与重点客户的关系，将公司产品带进市场。

第二十一章　上海华篷防爆科技有限公司

第一节　总体发展情况

一、发展历程与现状

上海华篷是专门从事阻隔防爆技术和产品的研发、设计、生产、销售和施工为一体的安全科技公司。依托自主创新、以知识产权起家的上海华篷，在阻隔防爆技术和安全防爆产品中，一直引领行业的最新发展。截至2015年6月，在突出显示企业实力的知识产权创造力方面，上海华篷取得了重大突破：申请专利267件中，有241件获得授权；国际专利申请指定国有102个，78个国家申请获得专利权；申请商标注册的国家和地区已有111个。在国内，已有29件商标注册。

公司发展的每一重要阶段，无不倾注着国家相关部门、地方各级政府以及社会各界的支持、关心与帮助。从2001年9月28日，原国家安全生产监督管理局（以下简称原国家安监局）在汕头组织召开HAN阻隔防爆技术现场演示会议上通过专家对该项技术的鉴定，到国家安监总局、建设部、交通部、国家质检总局四部委联合下发《关于推广应用HAN阻隔防爆技术的通知》推广应用HAN阻隔防爆技术，再到AQ3001-2005、AQ3002-2005两项国家安全生产行业标准的起草、制定、鉴定、推广及应用现场会、鉴定会、专家论证会，特别是国务院和国家相关部门领导多次亲临展示会现场观看和指导我们的工作。

为了回报社会，公司在四川汶川和青海玉树地震灾区捐赠了三台撬装加油装置。因地震灾区抢险救灾的需要，中石油、中石化紧急采购了公司十余台HAN阻隔防爆撬装式加油装置，用于灾区运营，保障了汶川、玉树地震灾区施工基建、抢险救灾及灾后重建所需要的成品油供应，受到了灾区领导和用户的一致好评。在国家重大政治活动中，特别是新中国成立60周年大庆、北京奥运会、济南全运会、广州亚运会、上海世博会等活动，公司提供的HAN阻隔防爆加油装置，为活动能安全、有效进行保驾护航。

二、生产经营情况

自2010年至2015年，上海华篷的营业收入呈现稳步增长态势。2015年公司营业收入达到6.97亿元，比2014年同比增长15%。公司净利润连续六年上升，从2010年净利润10404万元增长至2015年的19637万元（见表21-1）。

表21-1 上海华篷2010—2015年财年利润情况

财年	营业收入情况		净利润情况	
	营业收入（亿元）	增长率（%）	净利润（万元）	增长率（%）
2010	3.36		10404	
2011	3.89	16	11826	13
2012	4.36	12	13027	10
2013	5.15	17	14850	14
2014	6.07	18	16785	13
2015	6.97	15	19637	17

资料来源：上海华篷财务报表，2016年1月。

第二节　主营业务情况

上海华篷成功研发出具有自主知识产权的HAN阻隔防爆技术，可有效防止易燃、易爆气态和液态危化品在储运中因意外事故（静电、焊接、枪击、碰撞、错误操作等）引发的爆炸，从根本上解决了易燃易爆气态、液态危化品储运过程的本质安全。

上海华篷以油罐防爆阻燃这一突破性专利技术为核心，从阻隔防爆加油装置、阻隔防爆运油槽车以及防爆储油罐等最初产品，经过十余年的不懈努力，产品线已经拓展至自装卸加油装置、汽车油箱、加工设备—切割装置、LNG加气装置、裂解器装置、烟气脱硫剂/锅炉防熔渣剂、消污机等多种领域，并且均加入了 HAN 阻隔防爆技术。

HAN 阻隔防爆技术是一项有效预防易燃易爆气态、液态、危化品储运容器和装置，能有效预防因静电、明火、焊接、枪击、碰撞、操作有误、恐怖袭击等意外事故引发爆炸的技术。该技术从根本上解决了成品油、液化石油气等相关的气态、液态危险化学品的生产、运输、储存过程中的本质安全。

随着国民经济的快速发展，我国进入“重化工时代”。相当多的重化工产业集中于人群聚居区和水资源供给的要害地区，化工“围城”成普遍现象。危险化学品燃烧爆炸和污染事故的频发，亟须解决快速发展带来的安全、环保问题。重化工时代如何做到“清洁、安全和可持续发展”？如何“确保危险化学品生产、运输和储存过程的本质安全”？解决这一具有重大现实意义的历史遗留问题迫在眉睫。确保危化品储运容器设备重点部位的本质安全、防止火灾爆炸事故的发生，必将成为危险化学品安全生产的关键。

2000 年底，肩负这样的社会责任和历史重任，专事阻隔防爆技术研发的汕头华安防爆科技有限公司（上海华篷的前身，以下简称汕头华安）在汕头保税区成立。汕头华安成立伊始便投入大量资金和技术力量，成功研发出了具有我国自主知识产权的 HAN 阻隔防爆技术及相关的系列产品，如 HAN 阻隔防爆储油罐、HAN 阻隔防爆液化气球罐、HAN 阻隔防爆撬装式加油装置、HAN 阻隔防爆运油槽车，并将这些技术和产品成功应用于加油站地埋储油罐、运油槽车储油罐及大型液化气球罐（1000m^3）。2001 年 7 月 2 日，新华社新闻信息中心、新华财经专家委员会和中国消防协会，在北京举行了应用推广会，国内各大媒体应邀参加并纷纷进行了报道。

此后，汕头华安集中技术力量，积极着手新材料及新材料的理化和型式检测检验;加工工艺及材料加工设备和检测设备等相关配套技术、工艺、产品的研发，进行创造性的设计与革新。其次，根据不同化学介质的不同特性，展示了对非金属及其他金属等新材料的研究探索。汕头华安在短期内开发出了多规格、多型号、多功能、多用途的阻隔防爆系列产品。这些成果通过及时提交申请，先后获得相关新技术产品多项国家专利。同时，以“华安”“HAN”申请的中国商标获准注册。至此，我国具有自主知识产权的“HAN 阻隔防爆技术”日渐形成。国家安监总局在总结 HAN 阻隔防爆技术实施检测的基础上，制定颁发了 AQ3001-2005 和 AQ3002-2005 两项国家安全生产行业标准。为加速 HAN 阻隔防爆技术及产品市场化和工业化的快速推进，公司在技术市场和产业化的整合顺利完成后，2004年4月，成立了上海华篷防爆科技有限公司，并将汕头华安公司名下的所有资产，包括无形资产（所有技术成果和全部知识产权）、固定资产等，全部转入上海华篷公司。

HAN阻隔防爆技术的实际应用可有效解决相关的易燃易爆气态、液态危险化学品安全生产领域有史以来一直未能解决的安全防爆问题。有报道称，“以HAN阻隔防爆技术的研发成功为重要标志，引发了安全生产领域保障危险化学品储运安全的一场技术革命，为实现相关的易燃易爆气态、液态危险化学品领域的本质安全提供了可能。”

第三节　企业发展战略

一、企业荣誉

公司获得各类荣誉证书几十件。荣获中国城市公共交通协会《节能、环保、安全》证书，国家安全监管总局《安全生产科技》二等奖、《第五届安全生产科技成果奖》，中国消防协会“企业信用等级AAA”证书；上海市工商局《上海市著名商标》证书，上海市科学技术委员会《高新技术企业》《上海市自主创新产品》证书，被誉为上海市高新技术成果转化项目“百佳”企业；荣获河北省《高新技术企业》和《河北省中小企业质量信得过产品称号》，河北省科学技术厅颁发的《高新技术企业认定证书》，唐山市《二〇〇六年度重点建设工作先进单位》《二〇一〇年度最守信用贷款企业》，遵化市《二〇〇七年度民营科技创新企业》《科技进步先进单位》；荣获《吉林市科学技术进步奖》，吉林市科学技术局颁发的《吉林市战略性新兴产业企业证书》等。

二、政府政策支持

HAN阻隔防爆技术先后得到国家安全监管总局（包括原国家安监局）等多部委的发文推广和支持：

2001年9月18日原国家安监局办公室下发〔2001〕46号文件《关于召开HAN阻隔防爆材料应用现场演示会议纪要的函》。

2001年12月30日原国家安监局办公室下发〔2001〕68号文件《关于试点

应用HAN阻隔防爆材料的批复》。

2002年10月15日原国家安监局办公室下发〔2002〕72号文件《关于印发HAN阻隔防爆技术试点工作会议纪要的通知》。

2003年4月，科技部将HAN阻隔防爆技术列入2003年国家科技重点推广项目。

2004年8月国家煤矿安全监察局、国家安监总局下发〔2004〕162号文件《关于印发2004年度安全生产重点推广技术目录的通知》。

2004年9月29日国家质检总局办公厅、交通部办公厅联合下发〔2004〕337号文件《关于对〈关于开展危险化学品罐车专项检查整治工作的通知〉中的有关问题说明的通知》。

2004年12月30日，国家安全监管总局将HAN阻隔防爆技术列为2005年国家安全生产科技推广重点项目。

2005年3月2日，HAN阻隔防爆技术通过国家安全监管总局组织的第三次专家鉴定。

2005年4月13日国家安全监管总局下发〔2005〕1号公告批准《阻隔防爆撬装式汽车加油（气）装置技术要求》和《汽车加油（气）站、轻质燃油和液化石油气汽车罐车用阻隔防爆储罐技术要求》为国家安全生产行业标准。这两项标准是国家安全监管总局自成立以来首次发布的国家安全生产行业标准。

2005年6月7日国家安全监管总局办公厅下发〔2005〕41号文件《关于召开危险化学品和烟花爆竹安全生产许可证座谈会暨HAN阻隔防爆技术推广演示会的通知》。

2005年7月国家安全监管总局科学技术研究院下发〔2005〕43号文件《关于举办HAN阻隔防爆技术暨安全生产研讨会的通知》。

2005年8月24日国家安全监管总局、建设部、交通部、国家质检总局下发〔2005〕101号文件《关于推广应用HAN阻隔防爆技术的通知》。

2005年9月9日国家安全监管总局办公厅下发〔2005〕119号文件《关于开展阻隔防爆技术标准宣传贯彻活动的通知》。

2006年2月23日国家安全监管总局办公厅下发〔2006〕32号文件《关于推广应用HAN阻隔防爆技术有关问题的通知》。

2006年3月3日国家安全监管总局办公厅下发〔2006〕28号文件《关于授

权制作阻隔防爆技术储罐标记的通知》。

2006年11月20日建设部下发〔2006〕313号文件《关于加强城市加油加气站安全管理的通知》。

2008年4月15日国家知识产权局协调管理司下发《关于将有关群体侵权案件加入“雷雨”行动督办案件的函》。

2008年6月科技部将HAN阻隔防爆技术编入《抗震救灾实用知识、技术与产品手册》。中央电视台、新华社、人民日报首都各大媒体及近30个省、市、自治区的主要媒体对该技术作了报道。

2009年8月19日国家安全监管总局办公厅下发〔2009〕231号文件《关于推广应用阻隔防爆技术有关问题的通知》。

2010年12月13日国家知识产权局专利管理司下发《关于专项行动案件督办的函》。

上海华篷始终以为安全生产提供优质服务为宗旨，以创建安全产业为目标，积极开发本质安全技术及其延伸工程、产品，努力为我国国民经济清洁发展、安全发展和可持续发展作贡献。经过十多年的不懈努力，目前中石化、中石油、中海油和公交公司等用户，已在全国31个省、市、自治区采用HAN阻隔防爆技术对3000余座加油（气）站的储油（气）罐、200余辆运油槽车的油罐进行了改造。在全国31个省、市、自治区采用HAN阻隔防爆撬装式加油装置新建加油设施约2000座。同时，HAN阻隔防爆技术在解放军和武警部队的后勤油料供应物流装备中开始广泛应用。

三、建立科学发展战略

为不断完善与创新阻隔防爆技术，促进新设备、新材料、新工艺和新技术继续开发，上海华篷进行了大量深入细致的调查研究，制定了一系列科学发展战略和具体措施。

2006年3月，HAN阻隔防爆技术华北生产基地——河北华安天泰防爆科技有限公司在河北遵化市高新技术开发区奠基。2007年，HAN阻隔防爆撬装式加油装置华北生产基地正式投产，开始在北京、天津、河北部分地区安装使用。2007年4月，HAN阻隔防爆撬装式加油装置成为2007年度中国城市公交协会及科技分会推荐的“节能、环保、安全产品”。2007年5月，HAN阻隔防爆技术东北生产基地——吉林鼎新安全科技有限公司在吉林省吉林市奠基。2008 年 6 月，为进一步落实“迎奥运、反恐怖、保安全”要求，上海市安监局受国家安监总局委托，在上海组织专家召开了 HAN 阻隔防爆技术应用现状专家评估会，HAN 阻隔防爆技术又一次通过专家鉴定。2008 年 7 月，HAN 阻隔防爆撬装式汽车加油装置通过了中国石油和化工协会组织的科技成果鉴定。2008 年 8 月，上海华篷通过质量、环境和职业健康安全三标体系认证。

2009 年，“HAN”获上海市著名商标。同时，上海华篷成为上海市专利工作培育企业。为推动阻隔防爆技术市场健康发展，促进 HAN 阻隔防爆技术进一步普及应用，上海华篷本着服务国家、回馈社会、安全发展、惠及百姓的宗旨，做出重大战略性决策：2009 年，在全国范围物色、筛选出一些背景、技术实力、和施工力量，具有建筑业企业相关工程承包资质并承诺严格执行相关国家现行标准的企业，给予实施阻隔防爆技术相关专利的许可授权，加盟实施阻隔防爆技术的正规军，以有效遏制假冒伪劣、恶意侵权和不正当竞争等违法行为，维护阻隔防爆技术市场正常秩序，培育和引导阻隔防爆技术市场健康发展，促进安全生产产业化进程。

公司集中优势力量，成立技术攻关小组，加快研发力度，经过十多年的不懈努力，新型撬装、新型阻隔防爆储罐等一批新产品陆续诞生，随之 HAN 阻隔防爆技术的应用领域也成功拓展。HAN 阻隔防爆技术和产品不仅适用于汽车加油站，还广泛应用于国防、航空、舰船、铁路、公路运输等领域，工厂、车站、机场、码头等环境；适用于相关的易燃易爆气态、液态危险化学品的生产、存储、销售、使用等环节。所涉及的面非常宽，用户众多，市场广阔。2010 年 2 月天津某化工企业 200 号溶剂油储罐阻隔防爆技术改造工程顺利完成，4 月宜宾某航天机械制造企业的航空燃油储罐开始实施 HAN 阻隔防爆技术。一系列专项的顺利实施，预示着 HAN 阻隔防爆技术既面临着一个又一个的机遇，也接受着一个又一个的考验；攻克了一个又一个新的难题，同时经受住了一次又一次新的考验。

近年来，公司在开发危化品本质安全技术和产品的同时，又积极探索和开发非传统能源领域里的装备技术，其中安全新型燃烧装备技术、安全制氢、储氢等装备技术已获得国家专利，并已开始试点应用，这将为我国治理雾霾和节能减排工作的推进起到积极重要的作用。

四、积极开拓国际市场

HAN阻隔防爆技术应用推广在国内获得巨大成功，引起国际的广泛关注。2006年11月，HAN阻隔防爆技术产品参加了在广西南宁举办的“中国—东盟国际博览会”，备受关注。

2007年3月，HAN阻隔防爆技术作为国家交流签约项目参加了俄罗斯“中国年”国家展。HAN阻隔防爆技术成为活动的亮点，列入了由吴仪副总理出席的“第十一届圣彼得堡国际经济论坛”以及“中俄贸易与投资合作圆桌会议”等活动议程，并于6月在圣彼得堡完成签约。

2010年6月，HAN阻隔防爆技术参加了在福州海峡国际会展中心举办的亚太经合组织举办的“第六届APEC中小企业技术交流暨展览会”。这是在中国举办的规模最大、层次最高的经贸盛会。

目前，HAN阻隔防爆技术已完成111个国外商标的注册申请（已获准注册109个国家或地区），通过《专利合作条约》PCT申请6件，提交的国际专利申请指定国或地区有103个，获得78个国家和地区专利权，为HAN阻隔防爆技术产品走出国门奠定了知识产权法律保障基础。

上海华篷正积极开拓国际市场，努力打造国际品牌。初步确定的海外发展路线，首先是将HAN阻隔防爆技术推向东南亚国家，再向中亚、西亚过渡，实现进军非洲、欧美的目标。HAN阻隔防爆撬装式加油装置，已通过代理方式实现向巴布亚新几内亚和阿富汗等国的产品出口。

第二十二章　万基泰科工集团

第一节　总体发展情况

一、发展历程与现状

万基泰科工集团总部位于北京，是一家“平安城市·智慧城市·环保城市·美丽城市”整体解决方案提供商，集团以高科技为先锋、金融为后盾，目前拥有9家高新技术及金融企业（万基泰智能科技研究院、旭日大地科技发展（北京）有限公司、万基泰股权投资基金管理（天津）有限公司、万基泰盛融股权投资基金（天津）合伙企业、重庆市荣冠科技有限公司、万基泰科工集团（四川）有限公司、万基泰科工集团西南科技有限公司、万基泰科工集团天绘北斗科技有限公司、万基大地矿业能源（陕西）有限公司）；2016年由中国安全产业协会建议，拟由万基泰科工集团牵头，筹建协会下属城市安全服务分会。集团目前有正式职工389余人，具有各专业中高级职称58人，研究生以上学历168人（与国内外高校及科研院所联合培养）。同时聘请了多名享受国务院特殊津贴专家作为企业的长年研究顾问。

二、生产经营情况

万基泰科工集团在2014年营业收入0.8亿元的基础上，2015年继续保持高速增长，据万基泰科工集团发布的2015年业绩报告显示，公司营业收入1.1亿元，比2014年同比增长37.5%（见表22–1）。

表 22-1　万基泰科工集团 2013—2015 年营业收入及净利润

财年	营业收入情况		净利润情况	
	营业收入（亿元）	增长率（%）	净利润（万元）	增长率（%）
2013	0.6	20	1200	20
2014	0.8	33	1600	33
2015	1.1	37.5	2200	37.5

资料来源：万基泰，2016 年 1 月。

第二节　主营业务情况

万基泰科工集团以城市安全为抓手，是智慧城市建设及运营整体解决方案提供商和综合服务商。集团主营业务涵盖“平安城市、智慧城市、环保城市、美丽城市”四大板块，拥有地下管线危险源监控、安全生产监管、毫米波雷达智能监控、智慧消防监控、智能停车管理、智慧市政综合管理、油气管线安全技术综合管理、桥梁在线监测、城市建筑物信息共享 9 个业务领域。

地下管线危险源监控系统是针对城市下水道、化粪池等地下空间甲烷、硫化氢等危害气体实时监测与自动控制，杜绝安全事故的发生。

毫米波雷达智能监控系统是采用军工雷达技术对学校、剧院、体育场等其他公共场所进行全方位、全天候跟踪监控，形成周界防护无死角。

安全生产监管系统是对白酒企业、危化企业、物流仓库等安全接点部位进行在线监测、实时传输、自动报警、应急处理。实现安全事故“一可防、二可控、三可管”的目的。

智慧消防监控系统针对大型商场、农贸市场、棚户老区等消防隐患部位，以“防、消、管”三步消防管理为具体实施方案，降低消防火灾安全隐患。

智能停车管理系统以磁敏车辆检测技术与短距自组网技术为核心，运用交通控制系统与广域信息技术，实现交通车辆信息采集与统计管理，违章抓拍，停车诱导等功能。

智慧市政综合管理系统是通过“一张图”模式构建城市管理的设施管理、运行监控与维护、效能管理、应急抢险指挥以及行政办公等应用的统一调度指挥大平台。

油气管线安全技术综合管理系统是通过对油气管线终端设备隐患检测与安全

评价及燃气阀井、密闭空间泄漏监控，达到油气终端设备隐患排查与预防泄漏事故的发生。

桥梁在线监测系统通过对桥梁结构变形、受力、环境等自动化在线监测，实时掌握结构桥梁整体施工、运行的安全状态。监测数据异常时，系统会触发相应3级报警机制。

城市建筑物信息共享系统在城市建立起全面、科学、准确、立体化的建筑物基础数据库以及建筑信息模型，并与其他相关信息关联，建成“看得见、看得清、看得懂”的建筑信息资源中心。

集团近两年主导的城市安全智能综合管理平台是围绕建设“国家新型城镇化综合试点城市”的总体目标，结合城市产业特点与安全管理需求，运用物联网与云计算技术，对城市地下、地面、低空实施科学化、智能化、精细化的管理。

集团主编了多个国家行业标准和国家标准；承担了国务院唯一安全保障型城市——重庆市一系列国家示范工程；承担了数十项国家科技项目与课题；获得了数十项国家专利和知识产权；获得了数十项国家与省部级奖励，为重庆市主城十区建设的“地下管网及化粪池毒害、易燃、易爆多气体安全监控智能处置系统”彻底杜绝了城市安全隐患，为重庆市政府节约的化粪池清淘维护费用及井盖破损被盗产生的安全事故和维护费用每年超越亿元以上，不仅保护了人民生命财产安全，而且产生了巨大的社会效益与经济效益。

第三节　企业发展战略

集团以“平安城市、智慧城市、环保城市、美丽城市”为未来业务发展方向，以城市安全、市政、环保、智慧管网为重点业务领域；打造安全服务与安全云的全链条生命周期运营管理；通过在泸州市创建“全国安全产业示范基地”和“西南安全产业园区”及在珠海市设计打造“国际安全产业园区”，将上述成功的战略园区经验建设模式复制到全国，全面提升我国城市安全水平，努力成为“互联网＋城市安全”智能服务整体解决方案提供商。

万基泰科工集团以“站得高、看得远、看得准、下得狠”为战略指导，以“一天干一个月，一个月干一年”的顽强拼搏精神勇攀科技高峰，在中国安全产业协会的大力支持下，为中国城市安全化、新型城镇化作出了卓越贡献。

第二十三章　北京韬盛科技发展有限公司

第一节　总体发展情况

北京韬盛科技发展有限公司（以下简称韬盛科技）是一家年轻的国家级高新技术企业，于2007年1月成立，注册资金为4325.96万元，总租赁资产达到4.5亿元。韬盛科技专注于研究应用建筑工程的安全防护标准化成套技术并提供解决方案，主营业务包括附着式升降脚手架、集成式电动爬升模板及铝合金模板等设备的生产加工，建筑工程设备的销售租赁和配套服务。自公司成立以来，一直通过科技手段提升脚手架的安全性，不断对附着式升降脚手架进行开发设计，最终形成了五大系列产品，其中，附着式升降脚手架、集成化模架自升平台以及全集成升降防护平台成为韬盛科技的三个主导产品。作为建筑行业一家新兴的技术型企业，韬盛科技重视安全生产、勇于接受新观念，公司董事长于2016年1月15日作为中国安全产业协会建筑行业分会的第一届理事长出席成立大会，建筑行业分会的会员遍布全国各地，旨在紧密结合“政产学研用金”，促进建筑安全产业探索新型的发展模式，整合社会资源。另外，韬盛科技也在申请中国首只安全产业投资基金积极进行商业计划书撰写工作，同时为上市做准备，力求进一步扩大自身的科技研发优势，从而推动模架技术及整个建筑行业的健康、安全发展。

第二节　主营业务情况

韬盛科技自成立以来专注于建筑行业安全技术的应用及智能化高端建筑机械技术的研发，拥有一支由400余位具有丰富经验的技术专家和行业内人才组建的管理团队，正在申请和已获批的专利共计15项。另外，韬盛科技还作为主要参编企业，参与编写我国建筑工程行业标准《建筑施工工具式脚手架安全技术规范》（JGJ 202—2010），该标准的颁布提升了附着式升降脚手架行业的准入门槛，同时也保护了韬盛科技的研发技术及相关应用。截至目前，韬盛科技的业务已扩展至全国100多个城市，设立了30多个分公司及办事处，并向海外市场进一步发展。在近十年的市场积累中，韬盛科技凭借技术与服务优势得到了稳定的建筑单位客户群，年度施工的楼栋数为1000余栋，仅2016年1月至5月的铝模意向合同就有290栋楼，其中多为高层或超高层。从2007年开始，韬盛科技一直在完善自己的产品，仅爬架这一产品就在2012年达到了2亿元产值，在国内位列第一。目前韬盛科技产品已经销往除西藏、宁夏和青海的全国各地。

韬盛科技拥有的设计及应用优势为其赢得了市场先机。公司建有独立的铝合金模板设计院，截至目前共有55名设计人员，研发了具有自主知识产权的专业性铝模设计软件，凭借这支优秀的团队，公司已提供了业内一些难题的解决方案，成为行业内科技引领者。另外，韬盛科技的现场施工队伍是经过多年经营而培训出的具有丰富经验的团队，公司已与内江职业技术学院和承德技师学院进行合作，为模架技术人员和施工人员举办定期培训，从而保证拥有一支人员稳定、技术娴熟的操作团队。

经过不懈的技术攻关，韬盛科技已成为一家拥有附着式升降脚手架专业承包一级资质、模板脚手架租赁企业特级资质以及全国建筑机械跨省级租赁资质的建筑行业龙头企业，其所提供的服务及产品对6000多项工程的顺利完成可谓功不可没，为工程节约了大量成本，钢材共计节约近38万吨，用电共计节省10000万度，做到了“科技、低碳、责任”，响应了国家所倡导的和谐社会理念。韬盛科技的发展得到了北京市的重视，先后获得“北京市专利试点单位”“北京市高新技术成果转化项目认定”“北京市企业技术中心”以及“北京市企业研究开发项目鉴定”等殊荣。作为中关村高新技术企业，韬盛科技获评为“中关村瞪羚企业”“中关村科技园区企业信用评级Azc”以及“中关村国家自主创新示范区新技术新产品”。另外，公司还得到了“OHSAS 18001职业健康安全管理体系认证”“质量、服务、信誉AAA企业”等共80多项荣誉。

第三节　企业发展战略

一、以技术为核心优势，铸就建筑行业安全

随着我国建筑行业的发展，对建筑装备的要求也从以往的传统装备向更加安全、更高技术性、更能节约成本的装备转变。不同于以往的建筑企业，韬盛科技将科技作为发展的基础及核心能力，为业界及产业指引了未来的方向。在技术革新的过程中，韬盛科技始终秉承安全第一的理念，因此在设计上化传统的被动预防为主动预防。以往的传统模架企业通常关注如何在发生意外时对人员进行防护，而韬盛科技借鉴了汽车设计的安全理念，提出"遥控操作系统"。由于模架在升降过程中极易出现安全隐患，使人员主动远离有可能发生的事故，在安全环境中进行操作才是保证零伤亡的利器。这在业界是具有首创意识的，同时也是韬盛科技的专利产品。另外，韬盛科技所研制的"荷载同步控制系统"已被写入行业标准，可以进一步保障主动预防的有效实施，可以做到在模架出现欠载或超载时自动报警及停机。不仅如此，韬盛科技做到被动防护配合主动防护，其所设计的"安全防坠落系统"真正做到万无一失，不同于国际上通常所使用的一个机位一个防坠落系统，韬盛的系统拥有三个防坠落系统，并且通过技术上的创新，在保障安全性的同时实现了经济性。韬盛科技主营产品及技术优势见表 23-1。

表 23-1　韬盛科技主营产品及技术优势

产品名称	产品简介
集成式电动爬升模板系统	爬模采取不落地操作，适用于超高层核心筒工程；独创了自动升降式一体化模板设备，构造简单、直观，安拆方便，大量节省人工，可靠性强。采用单元折叠方式和电动葫芦自动往复循环系统，操作简便，施工效率大大提高，且能够做到同步快速提升，机械化防坠落设置更安全、更可靠，能够实现人员不上架操控
顶模系统	工具式液压顶升模架平台（简称：顶模系统）主要包括模板系统、承重系统、顶升系统、模板开合系统和液压控制系统 模架平台形成一个封闭、安全的作业空间；通过液压顶升系统完全自爬升，减少了施工过程中对塔吊的依赖，减少了人工作业，对整体工期极为有利；实现变截面处模板的变换极为方便；各自独立，支撑点少，便于控制单个平台的同步提升。模板采用定型大钢模板、辅助阴阳角模和钢骨架木面板补偿模板，可以便于模板收分及拆装；模架平台采用工具式桁架和定型脚手架，安拆简便，周转灵活，成本较低

（续表）

产品名称	产品简介
集成式升降操作平台	韬盛科技发明“转向折叠”“部件式拼装”技术，研制出国际领先水平的集成式升降操作平台、附着式升降脚手架（TSJPT9.0型），它实现了智能化操控、架体转向折叠等功能。整体全钢结构，避免消防隐患，无须钢管扣件；工厂化预制生产，标准化定型装置；采用单元折叠方式，操作简便迅速；不仅外形更美观，且文明施工效果更显著。节省40%—60%的劳动力，有效解决施工人员紧缺、建筑人工成本日趋增长的问题
附着式升降脚手架	附着式升降脚手架设备是21世纪初快速发展起来的新型脚手架技术，对我国施工技术进步具有重要影响。它将高处作业变为低处作业，将悬空作业变为架体内部作业，具有显著的低碳性，高科技含量和更经济、更安全、更便捷等特点。
带荷载报警爬升料台	带荷载报警爬升料台由附墙支座、导轨、物料平台及称重系统组成，广泛应用于物料转运、砌筑装修、粉刷等建筑主体结构施工。工厂预制生产、模块化拼装、工具式组装，拆装迅速；自主升降、不占塔吊，省时便捷；自带超重和欠载报警系统，称重系统实时显示荷载，声光报警；智能人性、远程控制；安全快捷，有助于提升施工形象。
铝合金模板系统	铝合金模板系统主要由模板系统、支撑系统、紧固系统、附件系统等构成，可广泛应用于钢筋混凝土建筑结构的各个领域。 铝合金模板系统具有重量轻、拆装方便、刚度高、板面大、拼缝少、稳定性好、精度高、浇筑的混凝土平整光洁、使用寿命长、周转次数多、经济性好、回收价值高、施工进度快、施工效率高、施工现场安全、整洁、施工形象好、对机械依赖程度低、应用范围广等特点。

资料来源：韬盛科技，2016年3月。

二、打造优质服务，赢得客户信任

韬盛科技自成立以来，始终将客户的感受置于首位，提出“从思想上征服客户”，开创“一对一”现场服务。韬盛科技拥有400多位技术管理人员，三分之二的人员都在现场为客户提供技术支持，这在业内是前所未有的规模。公司将服务作为长远的投资，在无形中增强了产品的生命力，使客户体验得到提升。

目前建筑租赁业仍面临追求低成本、服务缺失的现状，韬盛科技以“服务”赢得了市场先机，顺应了行业转型升级不可逆转的潮流。以“三分技术、七分管理”作为现场服务的理念，公司独创“六关”服务流程：即研发技术关，以客户需求为己任，不断进行创新求精；材料选购关，严格挑选优质供应商，严把质量源头；生产制造关，严格遵守37道工艺流程，全面保障产品质量；租赁销售关，根据客户项目特点，提供定制最优的解决方案；工程管理关，严格进行现场把控，保障安全，低碳环保；客户服务关，为客户提供新型的产品体验。

三、建设“政产学研用金”平台，引领行业发展

由于建筑行业安全薄弱环节较多，企业较分散，新型技术产品无法在短时间内投入市场应用。中国安全产业协会于2016年1月成立建筑行业分会，而韬盛科技董事长成为分会的第一届理事长。该分会涉及物流业、建筑业、新闻媒体、培训服务、专家学者等86家，遍布全国，旨在搭建建筑行业的“政产学研用金”平台，促进理念提升、资金到位、装备升级。

另外，韬盛科技重视科技创新，产业研发，力求将研发成果快速投入市场。为了更好地提升企业研发能力，韬盛科技成立了公司下属的科学技术协会，已经通过科协常委会批准。协会将加强科研工作者之间的有效交流及沟通，加快技术研发，提供互相学习的平台，为科研人才提供一个良好的环境；积极与北京高校及研究机构合作，为建筑行业培养高科技人才；利用资源优势加速研发成果投入市场，提升企业竞争力，引导行业技术发展趋势。

四、借助资本市场，积极融资扩大企业规模

目前模架行业在国内依然处于缺少话语权的尴尬状态，韬盛科技一直在为模架行业争取得到更多重视而努力。考虑到模架行业属于资金密集型产业，要想实现企业进一步发展技术、扩大市场，韬盛科技面临解决资金来源的严峻问题，而如今形式多样的融资市场为韬盛科技提供了丰富的资金来源。2015年8月，韬盛科技参与启动模板脚手架产业投资引导基金，旨在通过内部资本力量，借助行业的专业优势，借助国家对资本市场的政策优势，委托专业基金公司规范化运作管理，采取债权、股权与大项目运作相结合的投资方式，推动社会的资本投资，促进行业内的企业进行兼并重组，形成优势企业，与资本市场更好地对接。另外，韬盛科技参与创建中国安全产业协会建筑行业分会，通过保险、银行资金和财政产业基金，引导民间和境外资金，建设新型安全产业投融资体系。在建筑行业，用信息和科技使安全装备进行更新换代，改变科技成果难以快速投入市场应用的现状，加速产业链转型升级。

第二十四章　山西阳光三极科技有限公司

第一节　总体发展情况

一、发展历程与现状

（一）企业概况

山西阳光三极科技有限公司注册成立于1997年4月，注册资金2000万元，是一家专业从事安全领域信息化建设、监测监控与自动化产品研发、生产及系统集成服务的企业，此外还服务于交通、环保、金融、卫生、学校等行业及政府部门。

公司是山西省高新技术企业，并获得双软认证，公司建立之初就通过了ISO 9001质量管理体系认证，取得计算机信息系统集成二级资质、山西省安防工程设计施工一级资质、建筑业企业资质、电子工程专业承包一级资质、防雷工程设计及施工资质、安全生产许可证、全国工业产品生产许可证等资质证书。

（二）行业地位

公司是山西省专业从事煤矿安全监控系统、煤矿人员定位系统、产量监控系统、煤矿工业视频监控系统及煤矿综合自动化系统软件硬件研发、生产的厂家。公司建立了完善的质量管理体系、严格的生产工艺和质量检验制度及一流的售后服务，产品性能稳定，质量上乘，深得用户信赖。公司凭借过硬全面的行业技术基础，在产品研发和安标认证方面始终名列行业前茅，竞争优势明显，是行业内的龙头骨干企业。

（三）技术实力

公司的核心人员均在煤矿安全生产监控行业从业多年，熟悉行业内的客户需求，因而自公司创立之初就秉承“销售服务一体化与全过程技术支持”的服务客户理念。技术中心是公司的支柱，中心主要包括工控产品研发部、软件开发部、系统集成部、检测中心、总工办与产学研结合部，为公司的创新发展提供了有力的技术支撑。

公司始终坚持“高科技是企业生命力”的信念，立足自主研发，产学研一体。经过多年的发展，生产规模不断扩大，在业内树立了一定知名度；通过多年的不断投入、持续研发，取得了丰硕成果。截至2015年底，公司已取得国家知识产权局颁发的实用新型专利证书5项，获得国家版权局颁发的计算机软件著作权38项（全部为企业自主研发），取得国家矿用安标中心颁发的安标证和防爆证100余项，多项科研项目还获得了科技部、省科技厅的立项，并得到了科技部及省科技厅创新基金的赞助，使公司的创新项目得以飞速发展。

（四）公司荣誉

公司于2008年、2009年、2010年连续三年被太原高新区评为“十佳快速成长科技企业”。

2009年、2010年、2011年连续三年被太原高新区总工会评为“模范职工之家”。

2010年被山西省工商局评为“守合同、重信用”企业。2010年11月被山西民营科技促进会授予“山西省优秀民营科技企业”称号。2010年12月被太原市总工会评为全市“创建学习型组织、争做知识型职工”活动标兵集体。

2012年6月被山西省科技厅认定为“民营科技企业”，同时公司的《阳光煤矿安全监测监控地理信息系统V2.8》在第十六届中国国际软件博览会上被中国软件行业协会评为“创新奖”。

2012年12月公司的“三极”牌煤炭产量监测系统被山西省名牌产品推荐委员会认定为“山西省名牌产品”，同时被山西省质监局评为“山西省质量信誉等级AA企业”。

2013年4月公司被山西省经信委评为“山西省软件和信息技术服务示范企业”，同时被评为“山西省优秀信息系统集成企业”。

2013年5月公司工会被太原高新区总工会评为“太原高新区模范职工之家”。

2013年7月公司的技术中心被太原市经信委评为“太原市市级企业技术中心”。

2014年1月公司被太原市中小微诚信企业认定工作委员会评为“诚信企业”。

同时公司工会被太原市总工会评为“太原市四星级基层工会”，2014 年 4 月还被太原高新区总工会评为“太原高新区 2013 年度先进基层工会组织”。

2014 年 4 月被太原市人民政府授予“优秀民营企业”称号。

2014 年 8 月被山西省中小企业局评为“专精特新中小企业”。

2014 年 12 月公司技术中心被山西省经信委等联合评为“山西省省级企业技术中心”，同时公司的“三极及图”商标被山西省工商局评为“山西省著名商标”。

2015 年 8 月公司被太原市经信委、太原市财政局、太原市总工会、太原市科协授予“太原市技术创新示范企业”荣誉称号。

二、生产经营情况

山西阳光三极科技有限公司在 2015 年营业收入达到 0.65 亿元的基础上，净利润 319 万元（见表 24-1）。

表 24-1　2013—2015 年财年收入

财务指标 / 财年	营业收入情况		净利润情况	
	营业收入（亿元）	增长率（%）	净利润（万元）	增长率（%）
2013	1.08	35	1742	–0.0
2014	0.74	–31	416	–76
2015	0.65	–12	319	–23

资料来源：山西阳光三极科技有限公司，2016 年 1 月。

第二节　主营业务情况

公司的主营业务以煤矿信息化建设和煤矿及非煤矿山的安全生产监测监控业务为主，公司还结合煤矿生产需要和煤矿信息化建设的要求，先后开发了 KJ242 煤矿人员管理系统、KT295 煤矿调度通信系统、KT169 矿用无线通信系统、ZB12D 数字网络广播对讲系统、工业环网交换机和工业视频监视系统。

自 2013 年以来，公司对具有自主知识产权的产品 KJ340 煤矿安全监控系统和 KJ219 煤炭产量监控系统进行了系统升级。

其中对 KJ340 系统的升级重点在提高系统的抗干扰性，使系统符合电磁兼容检测的要求（目前的国家行业标准尚未对此做出要求），使系统的抗干扰性优于国家行业标准；提高了系统的测点容量，将系统的分站容量由原先的32台增加到了64台，使系统的测点容量翻了一番；增加了系统的通信方式，使系统在原先的FSK一种通信方式的基础上又增加了485总线式和G-PANG总线式，使系统的兼容能力得到提升；对传感器的结构、元器件的筛选、板级部件生产工艺进行改进，使新传感器相比旧传感器更易保证产品质量的一致性和稳定性。

对KJ219系统的升级重点也是通过解决电磁兼容的问题，提高了系统的抗干扰性，同时把原先的单纯的产量计量系统升级为计质计量系统，使煤矿生产的计质计量有了准确的数据采集。

近三年来，公司的主营业务收入基本保持占公司全部业务收入的80%左右，这也是公司的核心竞争力。

一、安全监控系统

系统采用全数字通信方式，分站至传感器采用总线结构，传感器采用新型的光吸收技术、自动组网技术、自我抑制零点漂移技术、长周期标定技术，对井下环境、火灾、通风设施的状况进行监测，并经分站将监测信息传送到地面中心站，经处理后显示、传输，及时全面掌握井下环境状况，对各类灾害潜在危险做到早预测、早预报、早处理、避免事故的发生。

KJ340煤矿安全监控系统是公司自主研发的主导产品之一，该系统由安装于煤矿井下的甲烷、一氧化碳、二氧化碳、氧气、温度、湿度、风速、风筒、水位、煤位、设备开停等传感器和采集分站与地面中心站共同构成对煤矿井下进行环境监测监控的数字化信息系统，可有效地预防煤矿瓦斯、一氧化碳超限等事故的发生，为煤矿的安全生产提供有力的保证。

二、产量监控系统

系统对煤矿产品进行源头动态称重计量、摄像监控，通过网络通信传输技术传到数据中心计算机，进行集中数据存储、管理，并根据产量或销量进行管理。实现煤矿产量的在线监测和记录，将实时产量、设备状态发送到指定的数据服务器，使管理系统充分体现“人性化、信息化和高度自动化”，实现数字矿山的目标。

KJ219煤炭产量监控系统是公司自建立以来就一直大力推广的自主知识产权主导产品，该系统由速度传感器、称重传感器、采集分站、传输接口及工业计算机等组成，可实现对煤炭产量称重计量，有效控制超能力生产，避免因超产而引发的各类事故。

三、视频监控系统

视频监控系统是通过在某些地点安装摄像头等视频采集设备对现场进行拍摄监控，然后通过一定的传输网络将视频采集设备采集到的视频信号传送到指定的监控中心，监控中心通过人工监控或者将视频信号存储到存储设备上对现场进行视频监控。视频监控系统采用视频压缩技术、视频传输技术、存储技术、流媒体技术、智能分析技术，井下摄像机进行本安和隔爆设计，可对易燃易爆环境进行视频监控、传输、存储及智能分析。

四、井下通信系统

通信系统包括无线通信系统、数字广播系统和调度电话系统。

无线通信系统采用计算机网络和 VOIP 技术及 WIFI、3G 技术，基于 NGN 网络架构进行设计，支持 TD-SCDMA 和 WCDMA 两种 3G 无线制式，可与国内主流 3G 无线设备实现互联互通，系统集语音、视频、数据、短信、彩信于一体，可接入 3G 宏基站和 3G Femto 基站，另外系统还集成了 NFC 功能。

数字广播系统同时采用工业以太环网技术、IPAudio™ 技术、回声消除技术、多方通话技术，并采用现场总线形式，将音频信号以数据包形式在局域网和广域网上进行传送。该系统是数字化的双向广播通信系统，只需将音箱接入计算机网络即可构成功能强大的数字化通信系统，每个接入点无须单独布线，解决了传统对讲系统存在的传输距离有限、易受干扰等问题，实现计算机网络、数字视频监控、内部通信的多网合一。

调度电话系统是基于 NGN 软交换平台开发设计的，能够同时提供语音、视频在内的多媒体综合通信手段。该系统能够帮助指挥调度人员通过多媒体方式实现指挥调度，并且能够与各种业务系统进行高度集成，提高指挥调度的智能化和自动化水平。

五、工业以太环网

工业以太环网采用德国西门子工业级交换机，研发了矿用隔爆兼本安型千兆环网交换机作为系统关键设备，环网传输速率可达到 1000Mbps。系统可连接井上下各终端设备，通过环网，各种类型的数据如音频、视频、控制数据等，都可在其中传输和共享，保证了各种数据的实时性和准确性，实现了煤矿综合自动化的多网合一，极大满足煤矿井下复杂恶劣的工作环境和信息化建设要求。

六、未来发展

身处机遇与挑战并存的今天，公司始终坚持“以科技为先导，以质量求生存”的发展理念，弘扬“诚信、创新、开拓、进取”的企业精神。巧干实干，锐意进取，凭借雄厚的技术力量、良好的信誉、科学的管理手段和完善的售后服务，与科研院所紧密合作，在充满机遇和挑战的市场环境中健康稳步发展，达到与客户共赢，实现企业经济效益和社会效益双丰收。

第三节　企业发展战略

一、技术创新，建立代理商团队

近年来，由于公司的主营业务以煤矿信息化建设和煤矿及非煤矿山的安全生产监测监控业务为主，受总体经济下滑的影响，特别是山西煤炭行业的急速下滑，公司的业绩也受到了较大影响，销售额下降。2014 年公司营业额比 2013 年下降了 31 个百分点，2015 年又比 2014 年同期下降了 12 个百分点。为此，公司的近期发展战略是：

在技术和产品方面，对煤炭行业的产品销售以自有产品销售为主，尽可能降低风险。在公司加大对自主知识产权产品投入的基础上，通过产品升级换代和技术创新，公司自有产品的销售保持了原有的势头，2013 年、2014 年及 2015 年公司自有产品的销售额基本保持在一个稳定的基础上。公司的原有核心技术在煤矿安全领域的监测监控，对原有的核心技术不能放弃，把这类技术延伸拓展到冶金化工、城市管网、交通运输和环境安全等领域，公司相信走这条路就是创新发展，是大有前途的。从 2014 年开始，面对急剧下滑的煤炭产业，公司开始了艰苦的转型发展，先后在冶金、化工行业安全生产的监测监控、车联网、环保等领域进行了探索，开发了一系列针对上述领域的安全监测监控软硬件产品，取得了阶段性成果，目前各类新品的研发还在稳步进行中。

在市场拓展方面，为减少资金风险，要加大代理商的发展，建立一支相对稳定的代理商队伍。在条件成熟的情况下，尝试建立安全监测监控专用设备的电商平台，通过电商平台的建设，推动公司产品的技术创新和升级改造，提升主营业务的经营业绩。

在公司管理方面，要按照上市公司的要求，全面规范公司的人、财、物管理，使管理流程化、电子化、公开化，提升管理水平。公司自成立以来就主要以计算机应用、自动化工程、传感器技术和系统集成等业务的开展为主，所以公司从成立之初在人员聘用、业务培训、人员资质培训等方面紧紧结合公司的主营业务进行，员工大中专以上学历占到公司总人数的72.1%，其中从事技术研发的技术人员大多数为本科毕业生，且多数为电类专业或计算机类专业毕业。同时考虑到公司为软硬件兼作的制造业高新技术企业，配备了适当数量的结构工程师和质量技术工程师。从公司已有业务和对未来业务的规划来说，目前的员工教育背景、学历和职业经历与公司业务的基本要求是相符的，还需要适当增加一些职业经理人、环境工程师和学习能力强的营销人员。

二、引进技术性人才，建设服务性队伍

公司从事技术研发的人员占总人数的31.4%左右，生产人员占总人数的9.3%，营销人员占总人数的15.1%，工程安装和维护人员占总人数的19.8%，管理人员占总人数的8.1%。从目前来看，按照现有业务开展情况、员工人数、资产规模与公司所拥有的各项资质的要求条件是相符合的。随着公司转型发展规划的逐步实施，还需要适当增加一些专业技术性人才。同时公司要加大对研发费用的投入。公司自有的技术中心已先后被市、省经信委命名为市级企业技术中心和省级企业技术中心，并得到了各级政府主管部门在科研立项、人才选拔、人才培养等方面的大力支持。目前，公司的研发人员数量占比超过了30%，研发费用的投入占销售收入的比例每年至少都在4%以上，平均每年都有3—5个新产品投入生产，每年都安排5—10名技术研发人员外出参加各类培训和出席学术研讨会，现在正在研发和已经达到中试条件的软硬件产品有七八项。今后，公司还要继续加大对新产品新项目的研发投入，加大对创新模式的前期投入，让新技术新理念带动公司的经营和发展。

在技术服务方面，公司要加大技术服务队伍的建设，考虑地域的优势，首先要在山西全省范围内建立十几个技术服务站，专业对已建成的涉及安全的监测监控系统给予有偿技术服务，或者以托管的形式全面托管系统运行服务，通过规范的系统性服务建立山西省安全领域监测监控行业的龙头地位，带动公司的整体发展。

政 策 篇

第二十五章　2015年中国安全产业政策环境分析

2016年，是中国“十三五”的开局之年，是完成党的十八大提出的“到2020年国内生产总值和城乡居民人均收入比2010年翻一番宏伟目标”的关键一年，可谓是我国经济和社会发展的重要转折之年。在新的经济形势要求下，对安全产业的发展提出了新的要求。

第一节　中国安全生产形势要求加快安全产业发展

2015年，是新修订的《安全生产法》实施的第一年，在党中央、国务院的正确领导和各地区、各部门的共同努力下，全国安全生产事故总量、较大以上事故发生率继续下降，安全生产的形势总体稳定、持续好转，这正是安全生产法治化水平不断提高的结果。面对新形势新任务，各级党委和政府坚持以人为本、安全发展的原则，牢固树立安全发展的理念，坚持人民利益至上，始终把安全生产放在首要位置，将依法治安作为依法治国和依法行政的重要内容，不断开创安全生产法治建设新局面。

一、出台了与《安全生产法》相关的一系列法律法规

自2014年12月1日新修改的《中华人民共和国安全生产法》施行以来，全行业普遍掀起了贯彻执行《安全生产法》等系列法律法规的高潮。2015年1月16日，针对各类安全评价与安全生产检测机构为企业和建设项目进行安全风险评估、设施设备安全检测和技术鉴定分析时，暴露的防范事故技术支撑作用不明显、从业行为不够规范、监管监察不到位、现有相关规章内容较多等问题，国家安全监管

总局审议通过了《安全评价与检测检验机构规范从业五条规定（试行）》，着重从业务规范、公平竞争、诚信公开、管理规定、保障质量等五个方面进一步规范评价与检测机构从业行为。2015 年 2 月 28 日，为解决企业安全生产中应急管理的主要问题和矛盾，国家安全监管总局颁布实施《企业安全生产应急管理九条规定》，在归纳总结近些年应急管理和事故应急救援工作的经验教训基础上，从责任体系、管理制度、队伍装备、预案演练、培训考核、情况告知、停产撤离、事故汇报、总结评估等九个方面提出要求，将企业安全生产应急管理工作中的规定具体化、翔实化，突出了应急管理的关键要素。同日，针对劳动密集型加工企业在生产中出现的安全生产事故，国家安全监管总局颁布实施了《劳动密集型加工企业安全生产八条规定》，为该类企业在生产过程中安全事故的防范指明了方向。2015 年 3 月 16 日，为认真贯彻落实习近平总书记强调的建立健全“党政同责、一岗双责、齐抓共管”的安全生产责任体系，国家安全监管总局印发《企业安全生产责任体系五落实五到位规定》（安监总办〔2015〕27 号）。规定中进一步细化了安全生产责任体系，强化企业安全生产主体责任落实，从而有效地实现了全国范围内的安全生产问题的治理和管理。为配合新《安全生产法》的实施，落实国家对行政许可改革的要求，国家安全监管总局于 2015 年 5 月 27 日颁布的《关于废止和修改危险化学品等领域七部规章的决定》（国家安全监管总局令第 79 号），对危险化学品领域现行的七部规章进行了修改或废止，对规范危险化学品领域的有关工作，进一步促进全国危险化学品安全生产形势的稳定好转具有重要意义。8 月 4 日，针对近年来油气罐区发生的重大及典型事故暴露出的突出问题，立足于现场管理和问题导向，国家安全监管总局印发了《油气罐区防火防爆十条规定》，共 275 字，规定了油气罐区在日常管理、安全设施、特殊作业、人员资质等方面的禁止事项。12 月底，国家安全监管总局印发了《化工（危险化学品）企业安全检查重点指导目录》，进一步从化工（危险化学品）企业安全生产管理的角度，对地方政府的安全监管工作进行指导。总而言之，2015 年以来，各单位高度重视安全生产工作，扎实开展安全生产大检查，紧盯重大安全隐患，认真抓好全年各项目标任务落实，对照责任分工，逐项排查落实情况，深入开展专项整治和安全评价机构整顿治理，大力推进依法治安，深化安全生产领域改革，健全责任目标考核体系和安全生产预防控制体系，使安全生产工作健康有序的开展。

二、适应安全生产新形势，创新监督执法工作理念

为适应新时期安全生产发展形势，全面贯彻落实党的十八大和十八届二中、三中、四中全会精神，按照全面推进依法治国的要求，强化安全监管执法，国务院办公厅于2015年4月2日印发了《关于加强安全生产监管执法的通知》(以下简称《通知》)，这是自建立国家安全生产监管监察体系以来，第一个针对安全生产监管执法方面的专门文件。经过几十年的发展，我国安全产业发展迅猛，国家为推动安全产业的发展出台了一系列政策和措施，使安全生产的技术水平快速提升，安全产业市场规模逐步扩大，在全国各地产业发展中逐渐占据重要地位。但我们也要充分地认识到，在安全生产领域里，一些企业事故多发，根本原因在于安全责任不落实、管理落后、投入不足、技术装备水平低、应急管理能力差等，鉴于此，经过多年实践，有必要将许多正确、有效的监管措施，通过立法将其规范化、制度化，切实履行好维护人民群众生命财产安全和健康权益的最高职责。同时，为加大监督执法力度，及贯彻落实企业安全生产责任制为要点，以法律手段督促安全生产诚信体系的建设为目的，从执法的理论依据、实施的具体原则、纳入情形、执法程序的设定和责任划分、管理和惩戒措施等方面，7月30日，国务院安委会办公室印发实施《生产经营单位安全生产不良记录“黑名单”管理暂行规定》(以下简称《规定》)。该《规定》及其后续实施的配套措施，对于行政审批制度改革后安全生产监管、落实安全生产主体责任、安全生产诚信体系建设等方面，都将会产生深远影响。

第二节　宏观层面：继续加强对安全产业的支持

党的十八届五中全会审议通过的《中共中央关于制定国民经济和社会发展的第十三个五年规划的建议》中明确指出，“树立安全发展观念，必须时刻坚持人民利益至上，加强全民安全意识教育，健全公共安全体系”，“完善和落实安全生产责任和管理制度，实行党政同责、一岗双责、失职追责，强化预防治本，改革安全评审制度，健全预警应急机制”。“建立风险识别和预警机制，采取节奏主动和可控方式释放风险，重点提高安全生产等方面风险防控能力”。这充分体现了党中央在今后一个时期对安全生产工作的高度重视。安全生产工作事关广大人民群众的根本利益，事关改革发展和稳定大局，大力发展安全产业是对安全生产的

有效手段。

一、继续贯彻执行相关安全产业的政策法律

近几年来，国家高度重视安全产业的发展，出台了一系列安全产业发展的宏观政策，如《中华人民共和国安全生产法》、《国务院关于全面加强应急管理工作的意见》(国发〔2006〕24号)、《国务院关于进一步加强企业安全生产工作的通知》(国发〔2010〕23号)、《安全生产科技发展“十二五”规划》等。2012年，工信部和国家安监总局联合发布《关于促进安全产业发展的指导意见》，标志着我国安全产业自2012年起进入了新的发展阶段。2014年，全国人民代表大会常务委员会第十次会议通过的《关于修改〈中华人民共和国安全生产法〉的决定》，更是促进安全产业发展的有力保障。2015年，各地区、各部门围绕新修订的《安全生产法》等法律法规，不断总结创新，出台政策，多方位促进安全产业发展，相关配套政策文件主要有《国务院办公厅关于加强安全生产监管执法的通知》(国办发〔2015〕20号)、《国务院办公厅关于推进城市地下综合管廊建设的指导意见》、《国务院安全生产委员会关于成立国务院安委会专家咨询委员会的通知》(安委〔2015〕3号)。此外，我国的安全产业发展在2015年已经取得了卓越的成绩，不再拘泥于传统的安全产业产品的制造。杭州市信息安全产业园的建立是以“互联网+”为背景，重点发展云计算安全、电子商务安全、物联网安全、移动安全等产业，并以信息安全产业为基础向信息经济产业化、智慧产业信息化的上下游扩展。清远、嘉兴秀洲、常熟十六家省级高新区升级为国家高新技术产业开发区，有效集中推广高新技术，提供了“产、学、研”一体的发展平台。金华市婺城区打造全国首个安全文化产业园，引导科研机构以及咨询、质检、设计等中介服务机构进入园区，搭建公共技术服务、信息、物流、市场等平台，满足了保障人民生命财产安全、加强和创新社会管理等安全发展的需求。

二、新时期新阶段要求安全产业的迅猛发展

当前，我国发展进入新时期新阶段，在刚刚闭幕的党的十八届五中全会中，明确提出“十三五”时期是全面建成小康社会的决胜阶段。中国正面临经济增长动力转换期，高科技产业和高端制造业也在蓬勃发展，即将步入从量变到质变、从产业规划到市场力量推动的经济转型升级阶段。但我国在工业化、城镇化高速发展的同时，各类安全生产事故多发、安全生产监管不到位的现象也屡见不鲜，

这就需要政府等有关部门建立健全安全生产体系，在安全生产领域内提升国家应急救援、防灾减灾的整体保障能力，使社会经济发展建立在人民群众生命财产安全和社会稳定得到有效保障的基础上。加快发展安全产业，是安全生产领域的基本要求，也是转变经济发展方式的重要组成部分，更是科学发展、安全发展的重要支撑和以人为本、改善民生的重要举措。一方面，加强科技引领和技术创新发展。认清科技力量在产业发展方面的推动作用，加快高新技术引进和寻求国际合作；加快基础科研、新兴技术研究，促进成果的实际应用和转化；鼓励企业深化改革，加大高科技投入，探索新的发展模式，加大自主创新能力的培养，提升市场竞争能力。另一方面，重点领域突出发展。集中企业优势资源和力量，在国家政策允许和帮扶下，在重点领域内优先发展具有紧迫性、基础性和应用价值的技术与产品；完善产业链条，提升产业集中度，促进产业专业化、规模化、集聚集约发展。

我国安全产业发展迅猛，据不完全统计，2012年我国安全产业相关企业1500多家，销售收入超过了2000亿元。2014年，我国从事安全产品生产的企业已达约2000家，安全产品年销售收入约3000亿元，较2012年有了大幅增长。截至2015年末的初步调查结果显示，从事安全产品生产的企业已达约2500家，安全产品年销售收入已超过4000亿元。在未来两三年内，为满足市场需求，我国还将在工业安全监控监测、安全防护及应急避险装备等领域新增数千亿元市场空间，安全文化宣传等产业也存在巨大发展潜力，预计2020年以后，国内安全产业的市场空间产值将达到每年万亿元。

第三节　微观层面：关注产业发展，行业协会发挥更大作用

我国针对安全产业发展不成熟、产业市场培育不足、安全科技基础薄弱等问题，于2014年10月11日成立了中国安全产业协会，这被认为是促进中国安全产业进一步发展的重要节点。一年以来，其发挥了企业与政府间的桥梁、纽带作用，统筹协调全国安全产业各方力量，共同推进了我国安全产业的发展。协会通过创新运作机制、创新会员服务模式、创新市场开发机制等手段，在政策研究、标准制订、产品推广、市场开拓、投资服务、国际交流合作等方面，为政府和企业提供了高效、优质、满意的市场化中介服务，努力打造充分发挥市场决定性作用的

新型协会。

一、中国安全产业协会成绩斐然

中国安全产业协会成立至今，为中国安全产业的发展作出了卓越贡献，在展览展示、示范应用、安全工程、应急救援、参观考察、合作交流等多领域发挥了重要作用。在协会和各会员单位的共同努力下，2015年取得了一系列辉煌成绩。一是协会工作的脚步从国内迈向了国外。国内工作稳步开展，协会在怀安县考察并签订第一个项目合作框架协议；在天津市宝坻区举行第一个清洁安全能源应用现场演示会；在云南省、陕西省、江苏省考察调研，研究组建三省安全产业协会和建设三省安全产业基地；与马鞍山市政府关于安全产业示范城市项目举行合作签约仪式；在宁波举行“汽车主动安全装备演示会”等。此外，协会广泛开展国际间的合作工作，与韩国安全产业中央会举行会谈，签署了合作备忘录；前往奥地利、以色列、意大利、波兰考察学习，在应急救援、监测报警、管理理念等方面与各国进行了深入交流；与俄罗斯亚特兰特责任有限公司就安全产业战略合作事宜达成初步共识，并签署安全产业战略合作备忘录。二是协会的队伍不断壮大。随着协会活动的不断开展，在企业间的影响力也日益深远，会员单位的数字从最初成立时的251家增加到1000多家，常务理事单位20家，理事单位70家，相继成立了物联网分会、消防行业分会、矿山分会，2016年还将成立建筑分会、培训分会、石油化工委员会等。此外，协会还在襄阳市、马鞍山市、泸州市创建了安全产业示范基地，以及在张家口市设立了首个办事处。三是协会建立了覆盖面广的媒体平台。2015年4月25日，中国安全产业协会官方网站上线，并相继开设了英文、俄文、日文、韩文版网站，设立安全生产、防灾减灾、应急救援、政策法规、产业服务、新闻中心、协会要闻等板块，内容覆盖安全产业的方方面面。另外，中国安全产业协会微信公众号的开通，让协会的宣传手法更加多元化。四是会员单位的成绩显著。海康威视凭借卓越的成绩，跃居“全球安防50强”第二名，蝉联亚洲第一名；徐工国家863项目“大型智能化非开挖定向钻机关键技术及产业化”项目荣获2015年度中国机械工业科学技术奖一等奖；江苏八达重工机械股份有限公司研制的救援机器人在“12·25”深圳滑坡重大灾难现场，完成了高难度的救援任务。

二、新时期新形势下，中国安全产业协会将发挥更大作用

中国安全产业的发展进入到了快速发展期，产业规模不断扩大，市场前景广阔，社会认知度逐渐提高，科技投入增大，在新时期新形势下，行业协会将发挥更大作用。一是能更好地发挥自身的优势，为行业、政府、会员服务。及时掌握行业动态、政府政策导向、企业发展现状，更好地为政府提出有关本行业发展的经济、技术、装备、政策咨询意见和建议，满足安全产业企业在投融资、上市、收购兼并、企业改制、法律、财务等多方面需求，引导安全产业发展的方向，及时宣传、推广优秀安全产品。二是肃清安全产业环境，为安全产业发展提供支持。由于行业起步较晚，我国安全产业仍存在管理体制不顺、市场秩序混乱等情况。中国安全产业协会的出现，将更好地发挥其监督机制，订立本行业行规行约，约束行业行为，提高行业自律性，提倡公平竞争，维护行业利益，促进和制订行规行约，推动市场机制的建立和完善，协助政府有关部门不断完善和贯彻执行与安全产业相关的法律法规。三是提供一个广阔的交流平台，提高我国安全产业参与国际竞争的能力。协会广泛开展与国外同行业的交流合作，推动我国安全产品出口和安全服务外包。同时，引进国外先进的安全产业产品和技术，促进国内安全产业的发展和改良，提升中国安全产业的整体实力。

第二十六章　2015年中国安全产业重点政策解析

《国务院办公厅关于加强安全生产监管执法的通知》
（国办发〔2015〕20号）

日前，国务院办公厅印发了《关于加强安全生产监管执法的通知》（以下简称《通知》）。这是全面贯彻落实党的十八大和十八届二中、三中、四中全会精神，按照全面推进依法治国的要求，加强安全生产法治建设，实施新《安全生产法》，强化安全监管执法，推进依法治安的重要举措。

《通知》是国家安全生产监管监察体系建立以来，首个针对安全生产监管执法工作的专门文件，从全面建成小康社会、全面深化改革、全面依法治国、全面从严治党的战略布局高度，在5个方面对加强安全生产监管执法工作做出了20项规定，充分体现了党中央、国务院对安全生产及其监管执法工作的高度重视，对做好新时期的安全生产工作、加快实现安全生产形势根本好转，具有重大而深远的意义。

一、政策要点

（一）健全完善安全生产法律法规和标准体系

加快制修订相关法律法规，抓紧制定安全生产法实施条例等配套法规，积极推动相关行业领域和地方性法规、规章制度的制修订工作。加快制定完善安全生产标准，及时做好相关规章制度修改完善工作，缩短相关标准出台期限，并及时向社会公布。

（二）依法落实安全生产责任

建立完善安全监管责任制，全面建立“党政同责、一岗双责、齐抓共管”的安全生产责任体系，严格落实安全生产“一票否决”制度。督促落实企业安全生产主体责任，切实做到安全生产责任到位、投入到位、培训到位、基础管理到位和应急救援到位。进一步严格事故调查处理，按照事故等级和管辖权限，依法开展事故调查，建立事故调查处理信息通报和整改措施落实情况评估等制度。所有事故都要在规定时限内结案并依法及时向社会全文公布调查报告。

（三）创新安全生产监管执法机制

加强重点监管执法，实行跟踪监管、直接指导。进一步加强部门联合监管执法，做到密切配合、协调联动，依法严肃查处突出问题，并通过暗访暗查、约谈曝光、专家会诊、警示教育等方式督促整改。加强源头监管和治理，加强建设项目规划、设计环节的安全把关，对不符合安全生产条件的企业要依法责令停产整顿，直至关闭退出，各级安全生产监督管理部门要建立与企业联网的隐患排查治理信息系统。改进监督检查方式，建立完善“四不两直”（不发通知、不打招呼、不听汇报、不用陪同和接待，直奔基层、直插现场）暗查暗访安全检查制度，推行安全生产网格化监管机制。建立完善安全生产诚信约束机制，建立健全企业安全生产信用记录并纳入国家和地方统一的信用信息共享交换平台。加快监管执法信息化建设，整合建立安全生产综合信息平台，大力提升安全生产“大数据”利用能力。运用市场机制加强安全监管，推动建立社会商业保险机构参与安全监管的机制。加强与司法机关的工作协调，明确移送标准和程序，建立安全生产监管执法机构与公安机关和检察机关安全生产案情通报机制，切实保障公民生命安全和职业健康。

（四）严格规范安全生产监管执法行为

建立权力和责任清单，以清单方式明确每项安全生产监管监察职权和责任。完善科学执法制度，建立安全生产与职业卫生一体化监管执法制度，对同类事项进行综合执法，降低执法成本，提高监管实效。强化严格规范执法，加强执法监督，建立执法行为审议制度和重大行政执法决策机制，依法规范执法程序和自由裁量权，评估执法效果，防止滥用职权。

（五）加强安全生产监管执法能力建设

健全监管执法机构，2016 年底前，所有的市、县级人民政府要健全安全生产监管执法机构，3 年内实现专业监管人员配比不低于在职人员的 75%。加强监管执法保障建设，健全安全生产监管执法经费保障机制，开展安全生产监管执法机构规范化、标准化建设。加强法治教育培训，提高全民安全生产法治素养。加强监管执法队伍建设，强化监管执法人员的思想建设、作风建设和业务建设，建立健全监督考核机制，建立现场执法全过程记录制度，树立廉洁执法的良好社会形象。

二、政策解析

（一）《通知》为加强安全生产监管执法提供了根本规定

第一，《通知》要求在推进经济社会发展的进程中，强化安全生产工作，这必将促使各地区、各部门和各行业领域进一步强化发展决不能以牺牲人的生命为代价的意识，牢固树立以人为本、生命至上、安全发展的理念，强化安全生产中"生命至上"的红线意识。第二，以新《安全生产法》为准绳，紧密结合安全生产工作实际，进一步对强化安全生产监管执法工作做了明确具体规定，要求抓紧制修订新《安全生产法》的配套法规，突出监管执法重点，改进监督检查方式，完善安全生产法规体系。第三，从多方面、多角度对推进依法治安的实施策略、方式方法、运行机制等做出规定，要求严格、措施具体、方向明确，为全社会指明了依法治安的努力方向。第四，分级确定安全监管重点对象并实行动态管理，对相关建设项目设计规划环节的安全把关逐步加强，实行执法信息透明化，建立安全生产案情通报机制等，为加强安全监管执法提供了有力抓手。第五，以新《安全生产法》为依据，明确规定地方各级人民政府要健全安全生产监管执法机构，落实监管责任。这有利于进一步加强安全生产监管执法工作的开展，强化安全生产基层执法力量。

（二）《通知》重点解决监管执法中遇到的突出问题

第一，《通知》规定，企业安全生产要做到"五落实五到位"，着重解决了企业主体责任落实不到位的问题。第二，明确了安全监管监察机构要制定安全生产非法违法行为等涉嫌犯罪案件移送规定、移送标准和程序，严厉查处打击各类违法犯罪行为，维护法律的权威性和约束力，切实保障公民生命安全和职业健康。第三，发挥舆论优势，向公众公开对安全生产企业的执法决定，着重解决了执法不严的问题。第四，规定了对安全生产事故调查的详细程序、执行机构、公布时间等问题，着重解决了事故查处不力的问题。第五，加强和规范了基层安全生产监管执法工作，着重解决了基层执法力量不足的问题。

（三）《通知》立足于加快“五个体系”建设，大力推进依法治安

第一，《通知》通过与新《安全生产法》、新《立法法》紧密结合，加强统筹协调，深入剖析事故发生的技术原因和管理原因，有针对性地健全和完善相关规章制度，来加快法规标准体系的建设。第二，通过落实地方各级党委政府安全生产领导责任和属地监管责任，强化部门监管责任，强化企业安全生产的机制和责任制问题，严格安全生产责任目标考核等工作，来加快责任实施体系的建设。第三，通过突出抓好重点监管对象、源头治理、基层监管力量、“四不两直”暗查暗访、警示教育等工作，来加快监督治理体系的建设。第四，通过抓紧落实相关资金和具体项目，加快建立监管执法信息化支撑平台，运用市场机制、财政支持和安全生产专家队伍的建设等工作，来加快监管保障体系的建设。第五，通过规范安全监管执法行为，创新监管机制，建立现场执法全过程记录制度，加强法律法规知识及执法培训、党风廉政建设等工作，来加快监管能力体系的建设。

热 点 篇

第二十七章　天津“8·12”事故

第一节　事件回顾

2015年8月12日，位于天津市滨海新区天津港的瑞海国际物流有限公司危险品仓库发生火灾爆炸事故，造成165人遇难（其中参与救援处置的公安消防人员110人，事故企业、周边企业员工和周边居民55人）、8人失踪（其中天津港消防人员5人，周边企业员工、天津港消防人员家属3人）、798人受伤（伤情重及较重的伤员58人、轻伤员740人）。爆炸现场火光冲天，冲击波巨大，天津塘沽以及河北河间、肃宁、晋州、藁城等地有震感，北京地震台网检测显示，两次爆炸当量之和相当于24吨TNT炸药，现场出现蘑菇云，造成了特别巨大的经济损失。

2015年8月18日，经国务院批准，成立了天津港“8·12”瑞海公司危险品仓库特别重大火灾爆炸事故调查组，公安部常务副部长杨焕宁任组长，调查组由公安部牵头，有关部门和天津市人民政府参加，并聘请有关专家参加事故调查工作，最高人民检察院派员参加调查组。

2016年2月5日，国务院批复了天津港“8·12”特别重大火灾爆炸事故调查报告，经国务院调查组调查认定，天津港“8·12”瑞海公司危险品仓库火灾爆炸事故是一起特别重大生产安全责任事故。

调查组查明，事故直接原因是瑞海公司危险品仓库运抵区南侧集装箱内硝化棉由于湿润剂散失出现局部干燥，在高温（天气）等因素的作用下加速分解放热，积热自燃；引起相邻集装箱内的硝化棉和其他危险化学品长时间大面积燃烧，导致堆放于运抵区的硝酸铵等危险化学品发生爆炸。

调查组认定，瑞海公司严重违法违规经营，是造成事故发生的主体责任单位。该公司严重违反天津市城市总体规划和滨海新区控制性详细规划，无视安全生产主体责任，非法建设危险货物堆场，在现代物流和普通仓储区域违法违规从2012年11月至2015年6月多次变更资质经营和储存危险货物，安全管理极其混乱，致使大量安全隐患长期存在。

调查组同时认定，事故还暴露出有关地方政府和部门存在有法不依、执法不严、监管不力等问题。天津市交通、港口、海关、安监、规划和国土、市场和质检、海事、公安等部门以及滨海新区环保、行政审批等单位，未认真贯彻落实有关法律法规，未认真履行职责，违法违规进行行政许可和项目审查，日常监管严重缺失；有些负责人和工作人员贪赃枉法、滥用职权。天津市委、市政府和滨海新区区委、区政府未全面贯彻落实有关法律法规，对有关部门、单位违反城市规划行为和在安全生产管理方面存在的问题失察失管。交通运输部作为港口危险货物监管主管部门，未依照法定职责对港口危险货物安全管理进行督促检查，对天津交通运输系统工作指导不到位。海关总署督促指导天津海关工作不到位。有关中介和技术服务机构弄虚作假，违法违规进行安全审查、评价和验收等。

公安、检察机关对49名企业人员和行政监察对象依法立案侦查并采取刑事强制措施。其中，公安机关对24名相关企业人员依法立案侦查并采取刑事强制措施(瑞海公司13人，中介和技术服务机构11人)；检察机关对25名行政监察对象依法立案侦查并采取刑事强制措施(正厅级2人，副厅级7人，处级16人)，其中交通运输部门9人，海关系统5人，天津港(集团)有限公司5人，安全监管部门4人，规划部门2人。

根据事故原因调查和事故责任认定结果，调查组另对123名责任人员提出了处理意见，建议对74名责任人员给予党纪政纪处分，其中省部级5人，厅局级22人，县处级22人，科级及以下25人；对其他48名责任人员，建议由天津市纪委及相关部门视情予以诫勉谈话或批评教育；1名责任人员在事故调查处理期间病故，建议不再给予其处分。

调查组提出了10条针对性的防范措施和建议，即：坚持安全第一的方针，切实把安全生产工作摆在更加突出的位置；推动生产经营单位落实安全生产主体责任，任何企业均不得违规违法变更经营资质；进一步理顺港口安全管理体制，明确相关部门安全监管职责；完善规章制度，着力提高危险化学品安全监管法治化水平；建立健全危险化学品安全监管体制机制，完善法律法规和标准体系；建立全国统一的监管信息平台，加强危险化学品监控监管；严格执行城市总体规划，严格安全准入条件；大力加强应急救援力量建设和特殊器材装备配备，提升生产安全事故应急处置能力；严格安全评价、环境影响评价等中介机构的监管，规范其从业行为；集中开展危险化学品安全专项整治行动，消除各类安全隐患。

第二节　事件分析

一、我国危化品安全形势严峻且复杂

首先，危化品事故时有发生，安全形势严峻。目前，我国已成为仅次于美国的危化品生产和应用大国，较大以上事故时有发生，危化品安全形势十分严峻。2015 年以来已发生多起一次死亡 3 人以上的典型危化品事故，事故类型以火灾、爆炸、中毒和窒息为主（见表 27–1）。

表 27–1　2015 年 1—7 月我国发生的较大以上危化品典型事故

时间	死亡人数	事故类型	事故地点
2015年7月26日	3	火灾	甘肃庆阳地区中石油庆阳石化公司
2015年6月28日	3	爆炸	内蒙古伊克昭盟准格尔旗鄂尔多斯准格尔经济开发区一化工有限责任公司
2015年6月18日	3	中毒和窒息	黑龙江伊春市一农业股份有限公司化肥分公司
2015年4月9日	3	中毒和窒息	山东潍坊市滨海经济开发区一化工有限公司
2015年3月18日	4	爆炸	山东省滨州市沾化经济开发区一化工有限公司
2015年2月19日	5	燃爆	湖北省一化工企业
2015年1月31日	4	爆炸	山东省临沂市一焦化有限公司

资料来源：国家安全监管总局，2015 年 8 月。

其次，危化品安全治理基础薄弱，安全隐患错综复杂。从规划布局看，过去，一些地区盲目招商引资，对危化品项目审批不严格，导致诸多危化品相关企业存在布局不合理、安全距离不足等问题。目前，约 30% 的危化品生产企业与周边居民居住和生活区域安全距离不足。从安全水平看，由于安全投入不足，设备陈旧、

工艺落后、安全设施缺乏等现象依然大量存在，安全技术和信息化水平普遍较低，从各项检查、督查的结果来看，危化品相关企业事故隐患依然较多，甚至一些企业采用非专用仓库和车辆违规储存和运输危化品，极易引发事故。如2014年沪昆高速“7·19”特别重大道路交通危化品爆燃事故，就存在企业采用非法改装的无危险货物道路运输许可证的轻型货车运输危化品的行为。从安全意识看，危化品相关企业和个人的安全生产意识均有待提升，在大量事故调查报告中，“企业安全生产主体责任不落实”是出现事故次数较为频繁的原因之一，深层次的原因在于企业“重生产、轻安全”，把经济利益放在首位；而员工个人安全生产意识低的深层次原因则是企业安全教育培训不足。从安全监管看，个别地区安全监管存在薄弱环节，对企业盲目纵容，对非法、违法行为执法查处力度不足，安全监管不得力、不到位的现象依然存在。

最后，应急救援能力不足，易造成二次伤亡。危化品种类繁多，发生事故后情况复杂多样，不同危化品发生事故后的处置方式也不尽相同，加之易燃、易爆、有毒等特性，应急救援难度大。一旦处置不当，就有可能引发二次事故，造成救援人员伤亡。原因是多方面的：一是信息不足，危化品事故发生后，多数情况下救援人员能够迅速到达现场，但由于不了解发生事故化学品的种类、特性等信息，极易造成盲目救援，从而引发二次事故。二是救援队伍缺乏专业知识和培训，我国的应急救援人员培训时间较短，缺乏应急演练经验，内容也很少涉及危化品。三是救援技术装备落后，我国消防经费主要来源于地方政府，经济发达地区经费较为充足，而经济落后地区对消防投入偏低，导致救援物资、装备等不足。

二、天津“8·12”爆炸事故，凸显我国危化品安全管理三大漏洞

（一）企业安全生产主体责任意识淡薄

一方面，企业主要负责人重效益、轻安全。企业是安全生产工作的主体，企业负责人是企业的直接经营者，是安全生产责任主体的第一责任人，对安全生产负总责，其安全意识直接影响企业的安全生产投入和安全生产管理水平。另一方面，企业安全管理不到位，对此次事故的发生埋下了隐患。

（二）地方政府部门安全监管工作不到位

《国务院关于进一步加强企业安全生产工作的通知》要求对隐患整改不力造成事故的，要依法追究企业和企业相关负责人的责任；对停产整改逾期未完成的

不得复产。安全生产事故源头预防的重要性已被多次强调，但部分地方政府部门监管工作不到位，执法不严，检查走过场的现象仍然大量存在，不能及时有效地排除事故隐患，事故后的“全面整改”也多停留在口号上，否则如此严重的事故便不会发生。

（三）我国危化品安全管理体系尚未完善

我国危化品安全管理的主要依据之一为2011年12月1日起执行的《危险化学品安全管理条例》（简称《条例》）。《条例》较为完整地规定了危险化学品的安全管理，但仍有尚未完善的地方。一是《条例》中安监部门对新建、改建、扩建生产、储存危险化学品的建设项目进行安全条件审查缺少强制公开性规定，导致企业的建设过程和安监部门的审查过程缺少透明度和社会监督，存在落实不到位的风险；二是《条例》规定企业对安全设施、设备进行经常性维护、保养，保证安全设施、设备的正常使用，但对不遵守《条例》这一规定的企业仅处5万元以上10万元以下的罚款，处罚力度小，对企业的约束力有限；三是《条例》仅规定了对环境风险程度的评估，缺少对安全风险评估的要求。

三、破解“化工围城”，促进化工园区合理布局集聚发展

2015年12月，工信部印发了《关于促进化工园区规范发展的指导意见》。意见提出，要根据城乡规划、土地利用规划，结合生态区域保护规划和环境保护规划要求，科学制定园区发展总体规划。并从项目管理、安全管理、绿色发展、两化深度融合、配套服务五个方面提出了具体要求和实施举措。

“化工围城”是中国城市化的“高歌猛进”与化工布局缺乏长远规划共同作用的结果。要从根本上破解“化工围城”的困境，国家必须对所有的化工项目统筹规划，全面实施战略环评，对化工项目的选址进行严格评估并审核。要解决“化工围城”的现实威胁，最直接的举措便是项目搬迁。天津爆炸事故发生后，工信部计划推进上千家化工企业搬迁，涉及搬迁费用大约4000亿元。对于资金来源，工信部部长苗圩表示，“下一步将进一步分析，通过级差地租，退二进三解决一部分，地方政府、企业解决一部分，中央政府也给一点必要的支持，特别是中西部地区经济欠发达给一点必要的支持，推动搬迁改造彻底解决企业转型升级，减少污染，减少排放。”但是化工项目绝不能一搬了之，要充分考虑接受地的承受能力和环境容量，妥善做好职工安置工作。另外，随着公众环保意识的不断提高，

引导公众有效参与到化工项目的选址、决策、运营中来，应成为政府监管的有力补充。为此，要完善公众参与的制度和机制，从法律法规层面明确公众参与的地位。加强化工项目信息公开，让居民知道、理解其环境安全性和潜在的风险。通过论证会、听证会、宣教活动等形式获取居民的支持。

第二十八章　陕西咸阳“5·15”事故

第一节　事件回顾

2015年5月14日，陕B23938号大客车受雇于依诺相伴生活馆拉客前往淳化县。5月15日15时许，4辆大客车从仲山森林公园出发返回西安，其中陕B23938号大客车排在最后一辆。15时27分，当该车行驶至淳卜路1公里450米下坡左转弯处时，车辆失控由道路右侧冲出路面，越过路外侧绿化台并向右侧翻滑下落差32米的山崖，车头右前侧撞击地面，头下尾上、右侧车身后部斜靠在崖壁上，造成35人死亡、11人受伤，直接经济损失2300余万元。

2015年5月16日，经国务院批准，成立了陕西咸阳“5·15”特别重大道路交通事故调查组，国家安全监管总局、公安部、监察部、交通运输部、全国总工会、工业和信息化部、国家质检总局、国家旅游局以及陕西省人民政府等有关部门和单位负责同志参加，开展事故调查工作。事故调查组还邀请最高人民检察院派员参加，并聘请了车辆技术、公路工程、交通事故处理等领域的专家参加事故调查工作。

2015年8月25日，国家安全监管总局全文公布了陕西咸阳“5·15”特别重大道路交通事故调查报告，查明了事故发生的经过、原因、人员伤亡和直接经济损失情况，认定了事故性质和责任，提出了对有关责任人员和责任单位的处理建议，并针对事故原因及暴露出的突出问题，提出了进一步强化道路交通安全红线意识和责任意识，下大力气狠抓“营转非”大客车源头安全监管，继续深化安全生产“打非治违”工作，全面提升农村、山区道路的安全水平，切实加强机动车安全技术检验工作等事故防范和整改措施。

第二节　事件分析

一、公路营运车辆依然是我国交通安全治理的重点

陕西咸阳“5·15”特别重大道路交通事故的肇事车辆为大客车。公路营运车辆发生的重特大交通事故起数占全国重特大安全生产事故总量的比重较高，特别是大客车和大货车，一旦发生事故，极易造成严重伤亡。2014 年数据显示，碰撞导致的较大及以上等级营运车辆行车事故起数和死亡人数，分别占全年总量的 73.3% 和 70%，同比上升 3.9% 和 3.2%。2015 年前三季度，全国共发生重特大交通安全事故 14 起，其中 9 起涉及大客车或大货车，占比 64.3%（见表 28-1）。

表 28-1　2015 年前三季度全国发生的重特大交通安全事故

序号	日期	事故发生地	死亡人数	事故简况
1	1月16日	山东烟台市莱州市境内	12	一辆油罐车与一辆面包车、一辆大众商务车和烟台交运集团一辆大客车（核载47人，实载14人）相撞起火，造成12人死亡，3人受伤
2	2月4日	广东梅州市兴宁市境内	11	一辆面包车（核载11人，实载13人）从河源市龙川县开往梅州兴宁市，行至兴宁市叶塘镇002县道一下坡转弯处时，车辆冲下路旁土坑，造成11人死亡，2人受伤
3	2月24日	新疆喀什地区巴楚县境内	22	一辆大客车（核载53人，实载60人），在G3012线1071千米+150米处，失控冲出中央隔离护栏驶入对向车道后翻车，造成22人死亡，38人受伤（其中4人重伤）
4	3月2日	河南安阳市林州市境内	20	一辆非营运大客车（核载35人，实载33人），行至五龙镇小虎山盘山公路（省道S226线45千米+800米）处，坠下陡坡，造成20人死亡、12人受伤
5	3月4日	云南昆明市官渡区彩云北路	12	一辆重型罐式危化品运输货车在东盟联丰农贸中心福萍食用酒精销售部倒罐过程中发生火灾事故，造成12人死亡，10人受伤
6	3月7日	贵州黔西南州兴仁县境内	11	一辆轻型自卸货车（载29名民工）在精品水果现代示范园区便道上，因刹车失灵发生侧翻，造成11人死亡，19人受伤

（续表）

序号	日期	事故发生地	死亡人数	事故简况
7	4月4日	贵州毕节市纳雍县境内	21	一辆农村班线客车（核载19人，实载24人）在毕节市纳雍县老坝乡果儿盖至老凹坝街上村通村水泥路翻坠至51米深河床，造成21人死亡、3人受伤
8	4月4日	甘肃临夏州康乐县境内	12	一辆无牌三轮货车（核载0.85吨、实载17人）在亥姆寺山附近一条通村公路下坡转弯处失控冲出路面，翻坠30米深的坡下，造成12人死亡、5人受伤
9	5月2日	天津滨海新区境内	10	一辆面包车（核载7人，实载12人）在津岐公路48千米+900米处，与一辆重型自卸货车（空车，载1人）相撞，造成10人死亡、3人受伤
10	5月15日	陕西咸阳市淳化县境内	35	西安依诺相伴生活馆雇佣的铜川王益区运输公司一辆个人所有“营转非”大客车（核载47人、实载46人）在淳卜路2千米+450米处坠崖，造成35人死亡、11人受伤
11	6月10日	西藏山南地区贡嘎县境内	11	一辆大客车（核载28人，实载19人）在省道307线23千米+300米处坠入山崖，造成11人死亡、8人受伤
12	6月26日	安徽芜湖市境内	12	一辆大型普通客车（核载35人，实载36人，含2名儿童）在芜马高速上行线69千米+270米处，与一辆货车相撞，造成12人死亡、25人受伤
13	7月1日	吉林省通化市集安市境内	11	延吉安顺旅游客运有限公司一辆旅游大巴车（核载44人，实载28人）在凉水镇集丹公路52公里处，冲出护栏翻坠于桥下，造成11人死亡
14	9月11日	河南省信阳市新县境内	12	一辆大型客车（核载55人，实载29人），在躲避前方应急车道的一辆货车时发生侧翻，又被后方驶来的一辆重型货车追尾相撞，造成12人死亡

资料来源：国家安全监管总局，2016年1月。

二、我国道路交通安全基础设施“欠账高”

陕西咸阳“5·15”特别重大道路交通事故的事发路段为县道三级公路，设计速度30公里/小时，局部四级公路设计速度20公里/小时。事故报告指出：事故发生时该路段主要技术指标虽然符合相关标准规范要求，但按照淳卜路2007年改建工程设计文件，1公里365米至1公里460米应设置钢筋混凝土城垛式防撞墙，但施工时未实施，也未通过规定程序进行设计变更。

我国公路建设过程中安全投入的同步性较差，特别是低等级公路，安全欠账较高。数据显示，截至2014年底，全国各类行政等级公路总里程达到446.39万公里，其中县道、乡道、村道总计388.16万公里，占总里程的87%（见图28–1）。而全国县、乡、村道路危险路段多数没有安装防护栏、警示标志等安全基础设施，安全投入欠账大。近几年，随着我国交通安全治理的深入，特别是2014年底《关于实施公路安全生命防护工程的意见》的出台，交通安全基础设施建设逐步加速，各地区积极开展公路安全生命防护工程的建设，但交通安全基础设施总体水平依然较低。

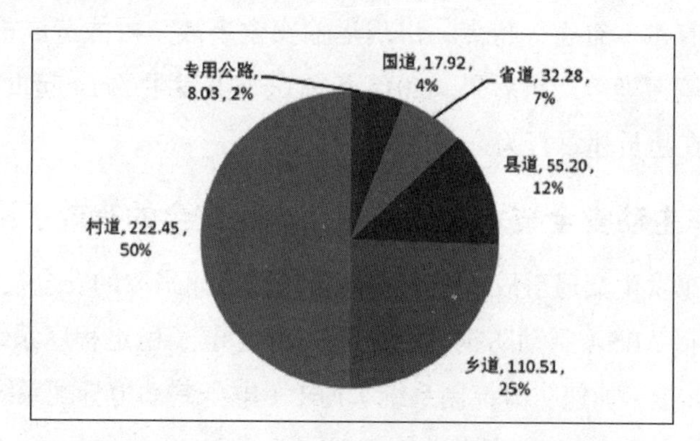

图28–1　2014年全国公路里程按行政级别分布

资料来源：交通运输部，2016年1月。

道路交通安全基础设施的不足易造成坠车等严重事故，车辆发生事故，坠入路侧深沟、山谷等破坏力较大，加之车辆坠落多发生在位置偏远、地形复杂路段，事故救援难度大，易加重事故后果，导致群死群伤。数据显示，2014年，坠车事故平均单起事故死亡11.1人，远高于较大以上等级道路运输事故单起死亡4.8人的平均值；受地理条件和经济发展水平制约的西南山区道路，安全基础设施不足，通行条件复杂，事故更是集中多发，2014年，广西、四川、贵州、云南等西南山区四省区交通事故起数和死亡人数，分别占全国总量的38.3%和31.3%。

三、违章驾驶、非法营运是引发重特大事故的重要原因

陕西咸阳“5·15”特别重大道路交通事故中的肇事大客车无道路客运资质，事发时为非法营运，且制动系统技术状况严重不良。研究显示，违章驾驶、非法

营运等行为是引发重特大交通安全事故的重要原因。

一方面，大客车、大货车为获得额外收益，“重生产、轻安全”，超速、超载、超员、疲劳驾驶、闯红灯、强行超车等违章行为大量存在，极易发生交通事故。以短途货运为例，装载2吨货物运送40公里的运费约150元，而加装到5吨运费就是400元，扣除车辆的损耗和油费约120元，可获得280元的收益，超载“利益”显而易见，目前，货运车辆超载200%—300%是普遍现象，甚至有非法改装后超载1000%以上的行为。另一方面，大客车、大货车发生事故易造成群死群伤，客运车辆载客多，发生重大事故后伤亡惨重；载重运输货车发生事故虽自身伤亡不多，但许多重特大交通事故是由其超速、超载等违章行为所引起；危险品具有易燃、易爆、有毒、有害等特点，出现运输安全事故，可能造成重大人员伤亡、财产损失、环境污染等严重后果。2015年前三季度发生的14起重特大交通事故中就有5起存在超员违章行为，占比35.7%。

四、汽车主动安全技术是提升营运车辆安全的有效手段

为预防汽车发生交通事故，避免人员受到伤害而采取的安全技术，称为主动安全技术。包括ABS（制动防抱死系统）、ESP（电子稳定程序系统）、BAS（制动辅助系统）、ASR（加速防滑控制系统）、EBD（电子制动力分配系统）、LDWS（车道偏离预警系统）、AEB（汽车自动制动系统）等。

汽车主动安全技术的作用是提升驾驶安全性，预防安全事故的发生。以AEB（汽车自动制动系统）为例，它是防止汽车行驶过程中发生碰撞的一种主动安全装置，能够自动探测可能与车辆发生碰撞的车辆、行人或其他障碍物，当车辆与前方物体距离小于安全距离，驾驶员未采取制动措施时，系统能够自动发出警报或同时采取制动/规避措施，以避免碰撞事故的发生。研究显示，我国80%以上的交通事故与驾驶员注意力不集中、判断失误等因素有关，而驾驶员刹车晚1秒，速度为80公里/小时的汽车将行进约22米，刹车制动不及时，甚至根本没有采取相应措施是造成严重伤亡的重要原因。汽车自动防撞系统能在可能发生碰撞事故的情况下自动刹车，从根本上降低碰撞事故发生率，大幅降低伤亡事故。

我国汽车主动安全技术的研究涉及院校、科研院所、车企等诸多机构，经过十几年的发展，一些机构自主研发的EBD、AEB等系统已经成熟，将其应用到大客车、大货车等营运车辆，能够极大地提升车辆安全性能，降低重特大交通安全事故发生率。

第二十九章　山东日照“7·16”爆炸事故

液化石油气是石油炼制过程中产生的一种副产品，也就是轻质的碳氢化合物。它的主要成分为乙烷、丙烷、丁烷、乙烯、丁烯等。为了方便使用，石油气加压后成为液化，然后灌装在专用的压力容器和钢瓶中，经过加压液化的石油气体被称之为液化石油气。液化石油气一旦与空气混合就形成爆炸性混合物，遇到火星或高温就极有可能产生爆炸、燃烧的危险。2015 年 7 月 16 日，山东日照石大科技公司的液态烃球罐发生起火爆炸事故。

第一节　事件回顾

2015 年 7 月 16 日，山东日照石大科技石化有限公司液化石油气储存区一个 1000 立方米的液态烃球罐发生泄漏燃烧。9 时左右，燃烧的液态烃球罐产生沸腾液体扩散蒸汽云爆炸，形成巨大的蘑菇云，大火持续燃烧，14 个储罐中有 9 个被大火吞没，相继引发 4 次爆炸，巨大的爆炸威力使 5 公里外都能感到强烈震感。该公司厂房和院墙出现垮塌，事故造成直接经济损失 2812 万元。

事故发生后，国家安监总局领导和山东省委书记、省长分别作出重要批示，要求全力施救，防止次生灾害发生；省长郭树清及省相关领导赶赴事故现场，组织救援和事故调查工作。国家安监总局派员赶赴事故现场，督导救援和调查工作。

国家安委会发文“关于山东石大科技石化有限公司‘7·16’着火爆炸事故情况的通报”。通报概述了事故的经过、指出事故发生的直接和间接原因，认定了事故性质和责任，针对事故原因及暴露出的问题，提出了进一步提高对危险化学品储罐安全生产工作的认识，推动落实企业主体责任，强化危化品罐区安全监管。部署了立即开展危化品储罐区专项安全大检查的工作。

山东省政府对调查组的调查结果和责任认定作出批复，同意调查组对事件的处理建议，同意日照“7·16”爆炸事故是一起较大生产安全责任事故的定性。对涉案的20余人做出处分，其中5人涉嫌构成重大责任事故罪，移交司法机关处理。

第二节　事件分析

一、严重违纪违规、安全意识淡漠是事故发生的必然结果

液化石油气极易发生危险：天气热、气温高会造成罐内压力升高，罐体有缝隙就有可能造成液化气外泄，泄漏的液化气一旦遇有火源、静电、电线老化，甚至打雷闪电都会引燃，造成爆炸。液化气爆炸对环境造成极大伤害，液化石油气是从石油提取的，含有丁烷、丙烷、丁烯、丙烯等多种成分，还加入了为强化嗅觉辨识的气味剂乙硫醇。液化石油气即使完全燃烧也会产生硫等有害物质，更何况爆炸是不充分燃烧。爆炸燃烧产生的热量对周边环境也会造成极大破坏。据监测，日照爆炸现场下风向敏感点非甲烷总烃超标1—2.5倍。

山东日照岚山区石大科技公司液化气储存区共有14台1000立方米以上的液化气储罐，总存储量为15000立方米。一台1000立方米液态烃球罐燃烧爆炸的当量，相当于2000—5000吨烈性TNT炸药。

石油石化企业在人工切水操作时不得离人，要求切水作业过程要实时监控。而涉事企业违反规定，在对球罐进行注水试压操作完毕，使用液化气进行顶水过程中，无人值守，导致水排净后，液化气泄放，遇点火源引发爆燃。

事故发生绝非偶然。著名的海恩法则指出：“每一起严重事故的背后，必然有29次轻微事故和300起未遂先兆以及1000起事故隐患。”这和“千里之堤毁于蚁穴”是一个道理，“蚁穴”看似很小，却可以溃千里之堤。在安全问题上，只要有隐患存在，它就会发酵，进而酿成大祸。量的积累势必会产生质的变化，凡有出错的可能就会必然出错，而往往我们在量的积累过程中忽略了防微杜渐，总是心存侥幸，使得结果成为必然。

储罐长年累月使用罐体会变薄，甚至产生缝隙，而发生爆炸的1000立方米

液态烃球罐的罐体早就被发现有裂纹，随时会有液化气泄漏的危险，涉事企业在对球罐进行注水试压操作完毕，使用液化气进行顶水过程中无人值守，导致水排净后，液化气泄放并急剧气化，遇点火源引发爆燃。这只是事故发生的导火索，究其主要原因是长期存在的企业管理混乱、安全意识淡漠、严重违规违纪等突出问题。石大科技公司在停产一年半后对12个球罐轮流倒罐，全过程竟无人监管，导致液化气发生泄漏时未能第一时间发现，操作人员是刚刚从装卸站区转岗的，既没有培训，也没有罐装的经验；企业对高危作业没有安全作业方案，也没有风险识别；企业对重大危险源没有任何管控措施，管控措施严重缺失。同时也暴露了地方政府监管缺失，尤其是对停产后的化工企业的危险化学品储罐区监管不到位等问题。

二、液化石油气爆炸成为危及人民生命财产的最大杀手

随着液化石油气的广使用，液化石油气爆炸引发的事故时有发生，且有上升趋势。据不完全统计，仅就2015年，我国共发生燃气爆炸事故658起，事故造成116人死亡，1000多人受伤，其中民居和饭店共发生585起，分别占事故总数的65%和23%，成为事故高发区，工厂企业只占燃爆事故的2%（见图29-1）。高发区、高发人群具有人群密集等特点，一旦事故发生就会造成群死群伤的严重后果，加之分布广，极难管理，给安全宣传工作和督查工作的开展增加了难度。

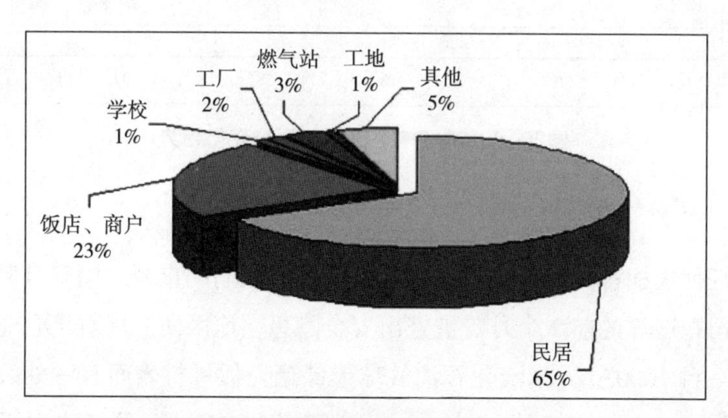

图29-1 2015年燃气爆炸事故发生地分布

资料来源：中国燃气网，2016年2月。

从统计数字来看，居民成了液化石油气燃爆事故的主要推手，同时也是最大

的受害者，轻者毁掉的是一个家庭，重者殃及周边，有专家指出，一个家用燃气罐爆炸的威力相当于150公斤TNT炸药的威力，足可以炸毁两层楼房。而且液化石油罐爆炸往往会带来次生灾害：首次爆炸为物理爆炸，罐体破裂，导致罐内液态石油气瞬间膨胀250—300倍变成气态，产生巨大的冲击波，就如同地雷爆炸；气态汽油与空气迅速混合，当它的浓度在空气中降至3%—11%时，如遇明火就会爆炸燃烧，此次爆炸为化学爆炸，人一旦吸入这种爆炸气体，呼吸道和肺部组织会被烧损，危及其生命。饭店和商户占据液化石油爆炸事故的第二位，商家用液化气石油罐是家用罐的3倍，一旦燃爆，它的威力及所造成的损失更是触目惊心，2015年10月11日安徽芜湖市镜湖区内的一个小吃店瓶装液化石油气泄漏燃烧爆炸，大火吞没了店面，并迅速蔓延至三楼以及隔壁店面，事故造成17人遇难。

从2015年我国燃气爆炸事故变化趋势图（见图29-2），我们看到，7、8月份是燃爆事故高峰期，炎热的气候为爆炸事故创造了“条件”。

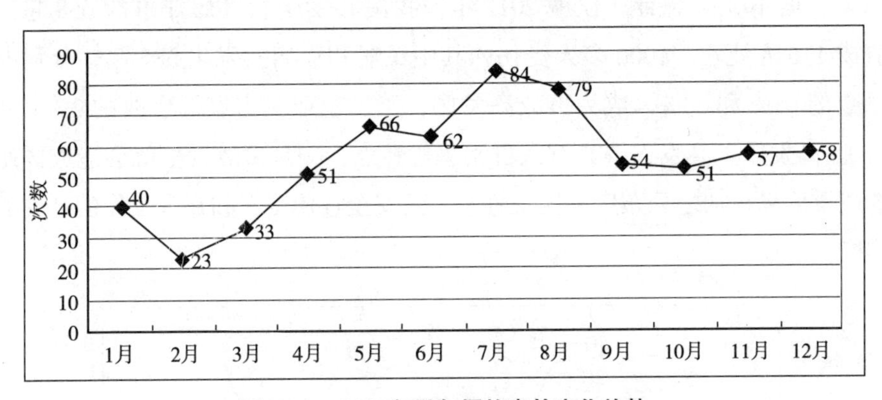

图29-2　2015年燃气爆炸事故变化趋势

资料来源：中国燃气网，2016年2月。

其实任何灾祸都是有先兆的，只是没有引起人们的重视。山东日照岚山区石大科技公司在爆炸的前2个月曾被查出安全隐患，地区质监局对该企业例行检查时，发现一台1000立方米液化石油气球形储罐壳板母材表面有一处裂纹，裂纹长度为395mm、深度为1.5—7.6mm、开口宽度为0.5mm，虽然这次爆炸事故不是由球体裂纹引起的，但是隐患埋下，即使这次没有事故发生，但一定会引发事故。安全领域著名的墨菲定律告诉我们：如果事情有变坏的可能，那么不管这种可能性有多小，它总会发生。2015年频发的液化石油气爆炸事故再一次印证了墨菲的这一理论。

表29-1是根据事件后果及其影响排列的，虽然事故发生地不同，时间不同，但有一点是相同的，就是安全意识的淡漠，液化气罐带病工作是事故的直接元凶。气罐超期服役，不能按时保养和维修，就会出现锈蚀穿孔、罐体出现裂纹，甚至丧失耐压强度，如遇高温、挤压、碰撞就极有可能发生爆炸，如有泄漏，遇到明火就一定会发生爆炸。更有甚者，有的用户用热水浇烫瓶底、火烤钢瓶或将钢瓶倒卧燃烧等方法促使液化气充分燃烧，这无疑是将自己置于危险之中。调压器与钢瓶角阀没有拧紧，或许是调压器的密封圈老化失效，甚至脱落造成连接处漏气，泄漏的液体遇明火就会燃爆。还有的用户长期不关阀门，造成液化气泄漏，引发爆炸事故。

表29-1　2015年全国十大燃气爆炸事故

时间	事故概况
2015年10月10日	安徽芜湖一小吃店液化气爆炸，17人死亡
2015年12月16日	福建龙岩一餐厅液化气爆炸，造成7死3伤
2015年8月7日	辽宁大连一居民楼液化气爆炸，致4死6伤
2015年5月19日	山东青岛一酒店液化气爆炸，致2死16伤
2015年5月31日	辽宁葫芦岛一居民楼液化气爆炸，造成3死16伤
2015年6月7日	山东潍坊一菜市场内液化气爆炸，致1死12伤
2015年7月20日	甘肃兰州一大学食堂液化气爆炸，致31人受伤
2015年11月15日	呼和浩特一快餐店液化气爆炸，造成27人受伤
2015年12月14日	云南昆明一餐馆液化气爆炸，致21人受伤

资料来源：赛迪智库整理，2016年1月。

液化气市场黑气猖獗，导致安全隐患丛生，据调查，正规供气企业只占一半的市场份额，而黑气靠低廉的价格大行其道。黑气具有两大安全隐患：一是添加价格低廉的易燃气体二甲醚，这种气体具有一定的腐蚀性，会腐蚀气瓶的胶圈，导致燃气泄漏，随时有爆炸的危险；二是液化气罐过期、破损，尤其是钢瓶减压器、密封圈远远超过使用年限。为什么黑气会如此猖獗，除了利益驱动之外，也有需求方面的原因。有些小型餐馆不符合安装条件，有些小区没办法通管道煤气，那么价廉的黑气就成了首选。

使用管道液化气为什么也会有发生爆炸的危险，主要原因是：煤气胶管老化，甚至脱落，造成气体泄漏，遇到明火就会燃烧爆炸。

三、增强安全意识，从点滴做起

对与石油化工的相关企业要重点监管，要着力推进企业落实安全生产主体责任制，要建立罐区安全生产长效机制，相关企业、居民用户都要掌握引起液化气罐区火灾的原因以及预防方法。安全工作要常抓不懈，对各类安全事故隐患做到零容忍，创造良好稳定的安全生产环境。

各有关部门要加大对“黑气”市场的排查力度，整肃液化气市场，遏制“黑气”的泛滥流通，从源头抓起，彻底铲除“黑气”死灰复燃的土壤。要加大有关液化气相关知识的宣传，要落实到每个家庭、每个商铺，真正做到安全使用液化气。

液化气罐不是永久耐用品，它的安全使用期只有15年，在此期间需要每4年体检一次，以便排查安全隐患。使用管道煤气的用户要在18个月内更换连接灶具的软管，一旦软管老化液化气就极有可能泄漏。根据《家用燃气燃烧器具安全管理规则》，灶具安全使用期只有8年，重要的零部件每隔一年就要更新，以防燃气灶部件老化引发安全事故。

相关部门要本着对人民生命财产高度负责的态度，定期对涉事企业、饭店、商铺、小区进行安全排查，查出的问题要落实整改，切实杜绝安全隐患，在石油液化气领域做到零事故、零伤亡。

第三十章　漳州古雷“4·6”事故

第一节　事件回顾

2015年4月6日18时55分左右，在福建漳州古雷腾龙芳烃PX项目工厂，发生了一起安全生产责任爆炸事故。工厂33号芳烃装置发生漏油着火事故，引发装置附近3个储罐爆裂燃烧，分别是重石脑油储罐607罐（存油2000立方米）、608罐（存油6000立方米），以及轻重整液罐610罐（存油4000立方米）。现场1人受伤，另有5人被玻璃剐伤。

事故发生后，国务委员、公安部部长郭声琨要求调派警力协助有关部门全力开展灭火救援工作，坚决防止发生次生灾害。

福建省委书记尤权、省长苏树林等要求相关部门抓紧查清事故原因及人员伤亡情况，关闭有关开关、通道，防止火势蔓延和二次爆炸，降低事故对周边百姓的影响。

福建省副省长、公安厅厅长王惠敏在事故发生后，立即带领省安监局、公安消防总队等有关部门负责人及专家赶赴现场，指挥救援工作。漳州市政府紧急调派市区及周边地区的78辆消防车，并从厦门等地调用特种消防车辆共同赶往现场。

另据《解放军报》报道，接到救援请求后，解放军第31集团军某师防化营紧急出动118人，动用核爆探测车、防化侦察车、防化化验车、洗消车等25台车辆，携带侦毒器、侦毒管、辐射仪等500余套侦毒设备，以及防毒服、防毒面具等200余套防护器材，连夜火速赶往现场救援。

第二节　事件分析

一、从这起事故了解PX

（一）PX的简介

PX是英文p-xylene的简写，中文名为对二甲苯，是一种芳烃产品，可燃、低毒、无色透明液体，毒性略高于乙醇，具有芳香气味，多为炼油及乙烯装置配套，是石油化工生产领域中一种非常普通的化学品。它的比重0.861，闪点25℃，沸点138.5℃，熔点13.2℃，能与乙醇、乙醚、丙酮等有机溶剂混溶，其蒸气与空气可形成爆炸性混合物，爆炸极限1.1%～7.0%（体积分数）。《全球化学品统一分类和标签制度》等文件介绍，PX属于低毒性化学物质，在高浓度时，被人体吸入，会对人体中枢神经有麻醉作用。在危险性方面，PX属于我国危险性类别分类中第三类——易燃液体，遇明火、高热能引起燃烧爆炸；可引起头痛、头晕、恶心、呕吐、神经衰弱等中毒症状；PX和其代谢产物暂无致癌的证据。

在现代生活中，PX用途很广，与我们的日常生活息息相关。PX是一种重要的有机化工原料，用于生产人们穿的衣服、饮料包装、平板显示器基材等。比如人们俗称的“的确良”就是PX的产物；而市场上常用的饮料瓶也是由PX制得的产物PET塑料，其最早是由可口可乐及百事可乐应用并推广的。工业领域中，PX主要用作生产聚酯纤维、树脂、涂料、染料及农药的原料，在生产香料、杀虫剂、医药、黏合剂、油墨等领域也有广泛应用。

（二）发生PX事故时的应急措施

消防方法：用泡沫、二氧化碳、干粉、砂土灭火，小面积可用雾状水扑救；用水保持火场中容器冷却。

储运须知：储存于阴凉、通风的库房内，远离热源、火种，避免阳光暴晒；与氧化剂隔离储运；搬运时轻装轻卸，防止容器受损。

泄漏处理：首先切断一切火源，戴好防毒面具与手套；用砂土覆盖吸收，倒至空旷地方掩埋；对污染的地面进行通风处理，蒸发残余液体，并排除蒸气；大面积泄漏时周围应设雾状水幕抑爆。

急救方法：吸入 PX 时应迅速将中毒者移至空气新鲜处，保持呼吸道通畅。如呼吸困难，输氧。呼吸、心跳停止时，立即进行心肺复苏。眼睛接触时，立即分开眼睑，用流动清水或生理盐水彻底冲洗。皮肤接触时，立即脱去污染的衣着，用肥皂水和清水彻底冲洗。食入时，漱口，尽量饮水，不要催吐。忌用肾上腺素，以免发生心室颤动。

二、事故原因及后续处理

（一）事故原因

经国家安监总局调查认定，事故的直接原因是：在 PX 装置开工引料操作过程中出现压力和流量波动，引发液击，存在焊接质量问题的管道焊口作为最薄弱处断裂。管线开裂泄漏出的物料扩散后被鼓风机吸入风道，经空气预热器后进入炉膛，被炉膛内高温引爆，此爆炸力量以及空间中泄漏物料形成的爆炸性混合物的爆炸力量撞裂储罐，爆炸火焰引燃罐内物料，造成爆炸着火事故。事故的间接原因是：腾龙芳烃（漳州）有限公司安全生产主体责任不落实，对工程建设质量和安全管理不到位，违规试生产；施工单位中石化第四建设有限公司将项目违规分包，分包商扬州市扬子工业设备安装有限公司施工管理不到位、对焊接质量把关不严，南京金陵石化工程监理有限公司对施工单位分包、管道焊接质量和无损检测等把关不严，岳阳巨源工程检测有限公司检测结果与事故调查中复测数据不符、涉嫌造假；地方党委、政府及相关部门存在监管不到位、执法不严格等问题。

（二）事故的后续处理

根据调查事实和有关法律法规规定，对腾龙芳烃（漳州）有限公司董事长（法人代表）黄耀智、生产副厂长陈素霞，中石化第四建设有限公司腾龙项目部质检员赵永涛、扬州市扬子工业设备安装有限公司技术员徐礼清、南京金陵石化工程监理有限公司总监理工程师郭振义、岳阳巨源工程检测有限公司腾龙芳烃项目施工经理张平怀等 13 人移送司法机关调查处理；对漳州市常务副市长梁伟新、古雷港经济开发区管委会主任沈永祥、漳州市质监局副局长卢蔚霖、漳州市安监局调研员陈志勇、福建省锅炉压力容器检验研究院容器管道检验中心主任吴林军等 11 人给予党纪、政纪处分；对腾龙芳烃（漳州）有限公司总经理郭毅、中石化第四建设有限公司副总经理张宝杰、扬州市扬子工业设备安装有限公司副总经理许付荣、岳阳巨源工程检测有限公司副总经理谢兴旺和福建省锅炉压力容器检验研究院容器管道检验中心检验员尚念军等9人给予撤职、降级等处理；对腾龙芳烃（漳州）有限公司等5家单位及其主要负责人给予经济或行政处罚。同时，责成漳州市委、市政府分别向福建省委、省政府作出深刻检查。

三、事故凸显我国危化品安全管理三大漏洞

2013年7月30日和2015年4月6日，福建漳州古雷腾龙PX项目两度爆炸，PX被推向舆论风口浪尖。在同一个地方跌倒两次，且第二次事故一度反复和扩大，表明我国PX项目乃至危险化学品安全管理状况堪忧。

（一）企业安全生产的主体责任意识淡薄

一是企业主要负责人重效益、轻安全。一般而言，企业是安全生产工作的主要阵地，企业负责人是企业的直接经营者，是安全生产责任主体的第一责任人，对安全生产负总责，其安全意识直接影响企业的安全生产投入和安全生产管理水平。漳州PX项目在工程建设、设备设施选用上所采取的最低价投标的招标方式，是企业在经济效益面前忽视安全的一种典型行为，为两次爆炸事故埋下了重大隐患。二是企业厂区规划缺乏科学性和合理性。腾龙芳烃生产作业区的加热炉管道爆裂引燃了百米外的油罐，这种风险是企业厂区在规划建设时就应考虑到并加以规避的。此次爆炸的油罐并非单纯的储存设备，与外部设备连通的管道穿越生产作业区，因此存在管道被引燃并最终引爆油罐的可能性。另外，加热炉跟储罐罐区安全距离不够，加热炉发生爆炸之后，冲击波直接把最近的一个大罐撕裂，点燃了罐中的物料，引起着火。三是企业安全管理不到位。首先，在第一次爆炸发生后，企业未认真反思事故原因，吸取事故教训，导致爆炸事故因同类问题在两年内再次发生。其次，事故发生时，工厂正处于厂方声明的停工检修期，但工厂临时通知工人开工运行，事故的发生显然说明了检修工作的不到位。再次，在施工过程中，施工方已经发现腾龙芳烃提供的设备“出问题的概率比其他的石化工程要高”，但最终不知哪个环节出现“阻塞”，安全问题未得到回应和解决。

（二）地方政府部门对安全生产的监管工作不到位

《国务院关于进一步加强企业安全生产工作的通知》要求对隐患整改不力造成事故的，要依法追究企业和企业相关负责人的责任；对停产整改逾期未完成的不得复产。腾龙芳烃2013年首次爆炸后，对安全隐患可以说未有本质性的整改，但仍得以复产直至2015年再次发生事故。虽然安全生产事故预防的重要性经常

被提起，但部分地方政府部门对其认识不足，监管工作不到位，执法不严，常规的检查成为“走过场”，导致此类安全事故的再次发生。

（三）我国危化品安全管理体系尚未完善

我国危化品安全管理的主要依据之一为2011年12月1日起执行的《危险化学品安全管理条例》(简称《条例》)。《条例》较为完整地规定了危险化学品的安全管理，但仍有尚未完善的地方。一是《条例》中安监部门对新建、改建、扩建生产、储存危险化学品的建设项目进行安全条件审查缺少强制公开性规定，导致企业的建设过程和安监部门的审查过程缺少透明度和社会监督，存在落实不到位的风险；二是《条例》规定企业对安全设施、设备进行经常性维护、保养，保证安全设施、设备的正常使用，但对不遵守《条例》这一规定的企业仅处5万元以上10万元以下的罚款，处罚力度小，对企业的约束力有限；三是《条例》仅规定了对环境风险程度的评估，缺少对安全风险评估的要求。

四、提升我国危险化学品安全管理水平的建议

（一）强化企业安全主体责任

危险化学品安全管理，应当坚持安全第一、预防为主、综合治理的方针，要强化和落实企业的主体责任。一是要营造良好的企业主体责任社会氛围。要让全社会和企业经营者、生产者广泛意识到，安全生产和社会稳定与企业经营密不可分，和员工自身的健康、安全息息相关；二是加强对企业主要负责人的安全教育。企业主要负责人对本单位的危险化学品安全管理工作全面负责，只有企业主要负责人的安全意识提高了，企业整体的安全水平才有可能得到重视和提高；三是加强安全环保投入。要求企业设置安全环保专职人员，重视安全和环保培训，提高员工安全生产能力与环保意识，并安排安全环保专职工作人员负责风险管理，减少安全环保隐患及宣传安全事故警示工作。

（二）转变安全监管思路，全面落实监管工作

一是从事中事后监管转变为全流程监管。加强源头安全生产管理，从提高企业本质安全水平和消除事故隐患入手，监督企业对设备的安全认证、安全检修是否按照规定严格执行；监督企业的技术进步、安全生产检查、环保指标监测检查等状况；加强对拟建项目环保和安全的审查和把关，把企业环保性和安全性作为

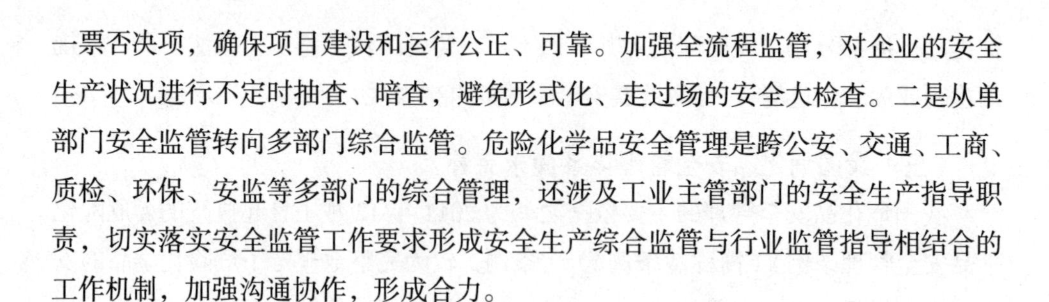

一票否决项，确保项目建设和运行公正、可靠。加强全流程监管，对企业的安全生产状况进行不定时抽查、暗查，避免形式化、走过场的安全大检查。二是从单部门安全监管转向多部门综合监管。危险化学品安全管理是跨公安、交通、工商、质检、环保、安监等多部门的综合管理，还涉及工业主管部门的安全生产指导职责，切实落实安全监管工作要求形成安全生产综合监管与行业监管指导相结合的工作机制，加强沟通协作，形成合力。

（三）完善我国危险化学品安全管理体系

建立更严格的危险化学品安全管理制度。一是增加对安全风险的评估要求。强制企业进行建设项目和项目运行的安全风险评估。二是增加安全和环保违规成本。增强法制观念，遇有安全和环保事故，对企业的处罚措施应尽可能严厉，让企业一旦违规即无法生存。三是处理过程及结果应向社会公开。建立危险化学品安全管理社会监督体系，向全社会公开信息，接受社会监督。将安全环保事故的处理过程和结果对社会公开并作出回应，是政府信息公开和推进依法行政的必然要求，也是对同类危化品企业的震慑。

严格依照法律管理。一是项目运行要做到有法必依，执法必严，同时各级地方政府要不断细化和严格对化工企业的安全环保管理制度规章，加强属地管理。二是要建立严格、透明的项目立案制度。从立项起，政府和企业要将项目情况、进展情况对公众开放，接受批评、建议和监督，不断完善项目管理。

第三十一章　长江“6·1”客船倾覆事件

第一节　事件回顾

2015年6月1日21时约32分，重庆东方轮船公司所属“东方之星”号客轮由南京开往重庆，当航行至湖北省荆州市监利县长江大马洲水道(长江中游航道里程300.8千米处)时翻沉，造成442人死亡，12人生还，442具遇难者遗体全部找到。

事件发生后，党中央、国务院高度重视。习近平总书记立即作出重要指示，要求国务院即派工作组赶赴现场指导搜救工作，湖北省、重庆市及有关方面组织足够力量全力开展搜救，并妥善做好相关善后工作。同时，要深刻吸取教训，强化各方面维护公共安全的措施，确保人民生命安全。李克强总理立即批示交通运输部等有关方面迅速调集一切可以调集的力量，争分夺秒抓紧搜救人员，把伤亡人数降到最低程度，同时及时救治获救人员。6月2日凌晨，李克强总理率马凯副总理、杨晶国务委员以及有关部门负责同志，紧急赶赴事件现场指挥救援和应急处置工作。6月4日，习近平总书记、李克强总理先后主持召开中央政治局常务委员会会议和国务院常务会议，强调要组织各方面专家，深入调查分析，坚持以事实为依据，不放过一丝疑点，彻底查明事件原因，以高度负责精神全面加强安全生产管理。

第二节　事件分析

一、事件基本情况

(一)“东方之星”号客轮情况

重庆东方轮船公司的“东方之星”号客轮(以下简称“东方之星”轮)是长

江干线普通客船，经调查，该客船法定证书齐全有效，事发前主辅机、舵设备、无线电设备、航行设备及信号设备齐全且工况正常，另外船长和其他操作人员在“东方之星”轮上均有较长的任职经历。“东方之星”轮由国营川东造船厂和四川省东方轮船公司修造船厂共同建造，1994 年 2 月 1 日建造完工后分别在 1997 年、2008 年和 2015 年进行了改建和改造，历经三次改建、改造和技术变更，其风压稳性衡准数均大于 1（见表 31–1），符合《内河船舶法定检验技术规则》要求，但船舶风压稳性衡准数逐次降低。

表 31–1 “东方之星”轮满载出港风压稳性衡准数（复校计算）结果一览表

年份	1994	1997	2008	2015
风压稳性衡准数（复校计算）	1.355	1.09	1.018	1.014

资料来源：国家安全监管总局，2016 年 1 月。

（二）事件发生经过

2015 年 6 月 1 日 21 时 18 分，“东方之星”轮航行至长江中游大马洲水道时突遇飑线天气系统，该系统伴有下击暴流、短时强降雨等局地性、突发性强对流天气。受下击暴流袭击，风雨强度陡增，瞬时极大风力达 12—13 级，1 小时降雨量达 94.4 毫米。船长虽采取了稳船抗风措施，但在强风暴雨作用下，船舶持续后退，船舶处于失控状态，船艏向右下风偏转，风舷角和风压倾侧力矩逐步增大（船舶最大风压倾侧力矩达到船舶极限抗风能力的 2 倍以上），船舶倾斜进水并在一分多钟内倾覆。

二、客轮翻沉事件原因及处理情况

经调查认定，“东方之星”轮翻沉事件是一起由突发罕见的强对流天气（飑线伴有下击暴流）带来的强风暴雨袭击导致的特别重大灾难性事件。其次，“东方之星”轮抗风压倾覆能力不足以抵抗所遭遇的极端恶劣天气。另外船长及当班大副对极端恶劣天气及其风险认知不足，在紧急状态下应对不力，船长在船舶失控倾覆过程中，未向外发出求救信息并向全船发出警报。

责成重庆市人民政府按照有关规定对重庆东方轮船公司进行停业整顿，并落实对该公司姜毅、郭兆安、陈元建、胡明安、覃玉平等 5 人的撤职处分；由交通运输部按照有关规定落实对张顺文、姜毅吊销船长适任证书，对马兵、王学文吊销验船师资质的处分。建议对企业、行业管理部门和地方党委政府共 45 人进行处理。

三、调查中检查出的日常管理问题

一是重庆东方轮船公司管理制度不健全、执行不到位。违规擅自对“东方之星”轮的压载舱、调载舱进行变更，未向万州区船舶检验机构申请检验；安全培训考核工作弄虚作假，对客船船员在恶劣天气情况下应对操作培训缺失，对船长、大副等高级船员的培训不实，新聘转岗人员的考核流于形式；日常安全检查不认真，对船舶机舱门等相关设施未按规定设置风雨密关闭装置、床铺未固定等问题排查治理不到位；船舶日常维护保养管理工作混乱；未建立船舶监控管理制度、配备专职的监控人员，监控平台形同虚设，对所属客轮未有效实施动态跟踪监控，未能及时发现“东方之星”轮翻沉。

二是重庆市有关管理部门及地方党委政府监督管理不到位。重庆市港口航务管理局（重庆市船舶检验局）、万州区港口航务管理局（万州船舶检验局）未严格按照要求进行船舶检验，未发现重庆东方轮船公司违规擅自对船舶压载舱和调载舱进行变更，机舱门等相关设施未按规定设置风雨密关闭装置、床铺未固定等问题；对船舶检验机构日常管理不规范，对验船师管理不到位；对公司水路运输许可证初审把关不严，对公司存在的安全生产管理制度不健全、执行不到位、船员培训考核不落实等问题监督检查不力。万州区交通委对万州区港口航务管理局安全监督管理工作指导和监督不到位；万州区国资委未认真落实“一岗双责”，对公司未严格开展安全监督检查，对公司存在的培训考核弄虚作假、安全管理制度不健全等问题督促检查不到位。万州区委区政府对万州区交通委等相关部门的安全生产督促检查不到位，对辖区水上交通安全工作指导不力。

三是交通运输部长江航务管理局和长江海事局及下属海事机构对长江干线航运安全监管执法不到位。长江航务管理局未有效落实航运行政主管部门职责，办理水路运输许可证工作制度不健全，审查发放水路运输证照把关不严；长江海事局、重庆海事局、万州海事处对重庆东方轮船公司安全管理体系审核把关不严，未认真履行对航运企业日常安全监管职责，日常检查中未发现企业和船舶存在的安全隐患和管理漏洞等问题。岳阳海事局未严格落实交通运输部、长江海事局对客轮跟踪监控的要求，未建立跟踪监控制度，值班监控人员未认真履行职责，对辖区内“东方之星”轮实施跟踪监控不力，未及时掌握客轮动态和发现客轮翻沉。

四、措施建议

（一）进一步加强安全管理

规范化管理涉及船舶稳性和尺度的改建、改造应当严格控制和审批，不断完善安全技术检测的标准，建立长效的安全管理机制，提高安全管理水平，防范和遏制各类隐患的发生。研究提高船舶检测检验机构准入门槛。建立健全船舶设计能力评估和规范机制，完善船舶建造企业生产条件规范体系，推进企业船舶设计、建造能力水平的动态评估制度，进一步提高船舶设计、建造企业规范化水平。针对恶劣天气条件下客船禁限航，进行严格的管控，强化运营单位红线意识。

（二）通过信息化手段增强航运安全预警和应急救援能力

通过新一代信息技术的应用提升安全预警和应急救援能力，利用物联网、大数据等提升航运的整体安全水平。完善信息共享机制，建立统一的管理预警平台，强化短时临近预警信息的快速发布加强监测预警方法研究，健全内河水上交通安全广播电台甚高频气象广播、手机短信等多种接收方式，建立重点客运船舶动态监控系统，确保海事监管机构和航行船舶及时准确获取灾害性天气预报预警信息。加强专业的信息化救援队伍建设，保障安全投入，配备水平先进、性能高效的救援装备，并进行针对性的训练、科学化的管理，提高应急反应能力，有效地进行科学施救。健全水上交通动态监控相关措施，大力推进 AIS、VTS 等水上交通管理动态监控系统建设和应用，充分发挥信息技术在提高安全防范和应急反应能力方面的重要作用。

（三）加强安全培训

对我国内河船员安全技能培训是提升航运安全水平的保障，通过安全培训使从业者掌握安全操作和应对突发事件的技能，强化安全意识和规范化管理的理念，特别是重点培养一批贯标的骨干力量，充分调动他们的积极因素，发挥好模范带头作用。培训应涉及企业各级领导和全体员工，分类组织和落实，对安全关键岗位的员工，特别是船长等高级船员整体素质和业务能力的培训应定期组织，并认真考核评定。另外通过采取宣传资料、广播等形式的宣传教育增强社会大众的安全意识，提升大众对突发事件的应急处理能力，掌握一些基本的自救手段。

展望篇

第三十二章　主要研究机构预测性观点综述

第一节　中国安全产业协会

近年来，全国安全生产死亡人数和重特大事故起数持续下降，取得了显著成绩，但是生产安全事故仍时有发生，安全生产形势依然严峻。中国安全产业协会认为，重特大事故时有发生的根本原因在于安全产业低端，产业装备落后，严重滞后于经济发展现状，不能提供行之有效的安全保障。急需打造智能安全产业弥补安全欠账。当前经济面临下行压力，亟待创新发展模式，寻找新的经济增长点。创新发展模式，弥补安全欠账，拉动经济增长，实现安全生产形势根本好转的总体目标。这不失为拉动经济、一举两得、利国利民、应对当前国际国内经济形势具有战略意义的选择。当前的安全生产形势对新技术、新装备、新产品、新服务的需求越来越强，需要一个蓬勃发展的安全产业，发展安全产业已成为当前我国经济社会发展的必然要求。

在有关未来安全产业如何更快更好发展的问题上，中国安全产业协会认为，当前应将重点放在推动安全产业推广示范上，从四个方向发力：一是高危企业安全技术改造。如：矿山、危化品、民爆物品、烟花爆竹等高危行业安全技术改造；城镇人员密集区域高危产品生产经营企业搬迁改造。二是提升本质安全水平的安全技术与产品的研发、产业化及推广应用。如：矿山、危化品、民爆与烟花爆竹行业安全技术装备；高危行业智能安全装备制造与“机器换人”工程；交通装备（汽车、火车、船舶、飞机等）智能主动安全技术应用；安全信息化技术推广应用；智能安全传感器、个体安全防护装备、应急救援装备、新型高效安全材料等。三是支持安全产业龙头企业实施兼并重组、上市等。四是配送社区家庭安全应急逃生设备，高危高风险行业企业本质安全装备；政府部门（应急救援队伍）监管及救援装备；社会全民安全与应急逃生培训体验；安全产业服务解决最后100米进企业进机关进社区进家庭智能人性化服务。

第二节　中国安全生产报

中国安全生产报（以下简称安全生产报）在2015年末撰文详细阐述了国内首只安全产业投资基金的背景、意义以及同“互联网+”结合之后的重大意义，其指出:“一带一路”“大数据”“互联网+”等国家战略和行动计划与安全科技的“亲密接触”，恰是安全生产与时俱进的具体体现。

据安全生产报评述，2015年11月5日，工业和信息化部、国家安全监管总局、国家开发银行、中国平安集团联合签署了《促进安全产业发展战略合作协议》，设立的国内首只安全产业投资基金，解决了因资金缺位导致安全科技发展后劲不足的问题。安全生产报认为，设立安全产业投资基金推动了安全科技在国内“搭台唱戏”，让安全产业搭上“一带一路”的顺风车，推动了其走出国门，在国际舞台上尽显身手。2015年10月,第五届安全科技产业协同创新推进会暨首届“一带一路”安全科技产业发展国际论坛在徐州召开。安全生产报全程参与并及时跟踪报道，国际论坛透露着对“一带一路”沿线有关国家希望借助安全产业提升各自国内市场的殷切希望。有需求就要有完善的供求平台，会上同时启动的中国安全科技成果交易网，将为国内外安全科技成果评估、知识产权交易、科技成果转化、高层次人才交流提供综合性服务。徐州安全科技产业园已形成集安全产业研发创新、孵化加速、产业集聚、交易推广、大数据服务于一体的全产业链条，安全科技成果交易从传统的模式过渡到“互联网+安全科技成果+金融”的全新模式，初步实现了互联网化的战略升级。

第三节　中国安全生产科学研究院

中国安全生产科学研究院（以下简称安科院）是国家安全生产监督管理总局直属的综合性和社会公益性科研事业单位。尤其是新近与徐州高新区进行合作，联合规划建设了徐州安全科技产业园，为徐州发展安全产业提供了重要的支撑力量。安科院在矿山、危险化学品等领域的安全技术方面研发实力较强。2015 年 10 月 16 日，在徐州召开的首届“一带一路”安全产业发展国际论坛上，安科院作为嘉宾单位深度参与，推动“一带一路”发展战略在沿线有关国家的落实，为国内外安全产业企业和科研机构积极应对经济发展新常态，力求通过协同合作实现科技创新与产业发展相推动，实现安全产业“十三五”完美开局。

安科院作为我国安全生产科技创新的先锋，肩负着为安全生产、安全产业提供技术支撑的重要使命，安科院通过增强安全科技的针对性和适用性，针对安全生产监管监察面临的突出问题，以现实需求为引导，推进国家科技研发计划项目的实施。比如，安科院近年来正在全国大力推广“化工园区风险评价与安全规划技术方法”技术成果，该成果是国家科技支撑计划的重点项目之一。通过对化工园区区域风险评价与安全规划技术的应用，可解决化工园区从选址、外部安全距离、项目布局到功能区划分、危化品运输风险、区域安全容量合理性、应急能力等方面面临的安全问题。

虽然我国安全生产科技创新工作在许多方面取得了长足发展，但是与一些发达国家和地区相比，我国还存在成果总量不足、政产学研用结合不紧密等多种问题。针对这一现实，安科院持续关注美国、德国、日本等发达国家和地区的安全科技发展方向和支撑体系建设，发现国外工业化国家的安全科技主要由政府引导，科研院所、高等院校、企业、保险机构、社会组织多元参与，共同推进安全生产科学技术研究与科技创新。安科院作为安全科技创新先锋，懂得与外界多交流、多沟通、多合作，才能取得更大的进步，因此，安科院近年来与诸多国外相关企业、科研机构建立联系，不仅有力地推动了我国安全生产科学技术的深入研究，还向世界展示了我国安全生产及职业健康的科研能力与水平，极大地促进了安全科技领域的国内外交流与合作。

第三十三章　2015年中国安全产业发展形势展望

第一节　总体展望

党和国家领导人对安全生产工作高度重视，年初习近平总书记在中共中央政治局常委会会议上发表重要讲话，对全面加强安全生产工作提出明确要求。李克强总理也对安全生产工作做出重要批示。2016 年 1 月 15 日召开的全国安全生产工作会议强调，要以习近平总书记、李克强总理重要指示批示精神为指引，认真贯彻落实党的十八届五中全会和中央经济工作会议、中央城市工作会议和全国安全生产电视电话会议精神，振奋精神、改进作风、奋力拼搏，推动事故总量和死亡人数继续下降，有效遏制重特大事故频发势头，着力提升全社会整体本质安全水平，确保“十三五”安全生产开好局、起好步（见表 23–1）。

尽管在各方努力下，全国安全生产形势持续稳定好转，事故起数、死亡人数同比分别下降 7.9%、2.8%。但全国安全生产形势依然复杂严峻，频发的重特大事故尤其危害严重，安全发展的针对性和预见性依然需要加强。我们特别欣喜的是，习近平总书记在强调加强安全生产工作的五点要求中，特别指出必须加强基础建设，提升安全保障能力，针对城市建设、危旧房屋、玻璃幕墙、渣土堆场、尾矿库、燃气管线、地下管廊等重点隐患和煤矿、非煤矿山、危化品、烟花爆竹、交通运输等重点行业以及游乐、“跨年夜”等大型群众性活动，坚决做好安全防范，特别是要严防踩踏事故发生。因此，安全产业在向安全生产、防灾减灾、应急救援等提供基础保障支撑的技术、产品和服务中，将承担起为我国经济社会安全发展提供安全保障的重任。

表 33-1 2016 年初党和国家领导人关于安全生产工作的重要指示

领导人	主要内容摘要
习近平	在中共中央政治局常委会会议上发表重要讲话，对全面加强安全生产工作提出明确要求，强调血的教训警示我们，公共安全绝非小事，必须坚持安全发展，扎实落实安全生产责任制，堵塞各类安全漏洞，坚决遏制重特大事故频发势头，确保人民生命财产安全。
李克强	当前安全生产形势依然严峻，务必高度重视，警钟长鸣。各地区各部门要坚持人民利益至上，牢固树立安全发展理念，以更大的努力、更有效的举措、更完善的制度，进一步落实企业主体责任、部门监管责任、党委和政府领导责任，扎实做好安全生产各项工作，强化重点行业领域安全治理，加快健全隐患排查治理体系、风险预防控制体系和社会共治体系，依法严惩安全生产领域失职渎职行为，坚决遏制重特大事故频发势头，确保人民群众生命财产安全。
马凯	2015年安全生产工作取得新的进展，但形势依然严峻，企业主体责任不落实、监管体制机制不完善、法规标准体系不健全、安全生产基础依然薄弱、事故应急救援处置能力弱等深层次、结构性矛盾和问题还未得到根本解决。2016年，要深入贯彻落实党中央、国务院领导同志关于安全生产的一系列重要指示批示精神，坚持人民利益至上，牢固树立安全生产红线意识，努力实现事故总量继续下降、死亡人数继续减少、重特大事故频发势头得到遏制三项任务，促进全国安全生产形势持续稳定向好。

资料来源：国家安全监管总局网站，2016 年 1 月。

展望 2016 年，“加强安全生产基础建设，提高安全保障能力”列入了国务院安委会 2016 年工作要点之中。一是安全产业投资基金的落实工作将大力推动安全产业投融资体系建设，为安全产业发展注入活力。同时，加强中央财政安全生产预防及应急专项资金的使用和管理，都将为安全产业加速发展打开新局面。二是安全产业集聚发展将迎来新机遇。经过几年的努力，在工信部和国家安全监管总局的支持下，重庆、徐州、营口、合肥等城市先后被确定为国家安全产业示范园区创建单位。2016 年将正式出台《国家安全产业示范园区（基地）管理办法》，安全产业示范园区和基地建设将更加规范协调化发展。三是先进安全技术和产品的推广将进一步加强。在“互联网 +”和“中国制造 2025”等发展战略支持下，安全技术防范工程等重点项目，将有效加强安全科技项目研发、转化、推广应用。四是安全标准化建设将有力推动安全产业发展。2015 年国家出台了《深化标准化工作改革方案》，将通过标准化体制改革，在培育发展团体标准，放开搞活企业标准等措施，有力地激发市场主体活力。在强化安全等强制性标准管理的同时，可以更好地保证公益类推荐性标准的基本供给，这对安全产业的发展具有重要意义。

在国家有关部门、中国安全产业协会的支持下，2015 年安全产业发展壮大。2016 年安全产业将在产业发展、企业进步、产品创新、完美投融资体系等方面取得新的进展。预计 2016 年，我国安全产业将能够保持 25% 左右的增长率，产业规模有望突破 6500 亿元。

第二节　发展亮点

一、投资基金激发安全产业发展动力

2015 年 11 月，工业和信息化部、国家安全生产监督管理总局、国家开发银行、中国平安保险集团签署战略合作协议，共同组建安全产业发展投资基金，2016 年（中国）安全产业投资基金将为安全发展注入强劲动力。从 2012 年《促进安全产业发展指导意见》发布后，工信部和国家安全监管总局就大力培育安全产业投融资体系建设，2013 年和 2014 年与中国安全产业协会组建同步，安全产业投资体系建设也加快进行。随着合作协议的签署，在国家开发银行和中国平安保险集团的带动下，社会资本也对安全产业的发展给予了极大关注，2016 年将是中国安全产业投融资大发展的一年。

预计 2016 年，（中国）安全产业投资基金将形成国家安全产品和技术项目库、与 2—3 个省级单位建立合作关系，在 3—5 个市级城市建立安全产业子基金，在 3—5 个重点行业建立安全产业子基金，通过直接项目支持、子基金支持将大力推动安全产业的发展。

二、安全产业集聚发展将打开新局面

国家安全监管总局和工信部在 2016 年将联合出台《国家安全产业示范园区（基地）管理办法》，安全产业集聚发展将迎来新机遇。工信部和国家安全监管总局先后将重庆、徐州、营口、合肥等地确定为国家安全产业示范园区创建单位，通过几年的试点运行，积累了示范园区基地的创建和管理经验，为安全产业集聚发展和规范化提供了有益的经验。出台《国家安全产业示范园区（基地）管理办法》，既是对前段安全产业示范园区创建工作的总结，也是进一步规范安全产业园区和基地发展的需要。

目前，已经有湖北襄阳、山东济宁、山西太原等地市在申请新的安全产业示

范园区（基地），同时已有的安全产业示范园区也将根据管理办法，将对几年来的创建工作给予总结和评估，有望成为正式的安全产业示范园区。

三、先进安全技术和产品推广力度加大

为配合（中国）安全产业投资基金支持先进安全技术和产品的需要，工信部和国家安全监管总局将出台《安全产业投资基金项目遴选管理办法》。该办法将通过地方工信、安监等部门，有关中央企业、部委直属单位、相关协会，征集先进安全技术与产品、高危行业安全技术改造、安全产业领域内企业的兼并重组、地方安全产业投资子基金等四个方面，为安全生产、防灾减灾、应急救援等安全保障活动提供支撑的项目。

工业和信息化部会同国家安全生产监督管理总局建立安全产业先进技术与产品项目库，按照支持一代、推广一代、研发一代的原则，通过不同形式的资金支持，使更多的安全技术和产品加以推广应用，为安全生产、防灾减灾、应急救援提供更多的支持，更好地促进安全产业的发展。

四、互联网+安全

（一）互联网＋安全助力城市发展

全国城市工作会议指出：城市发展安全第一。习总书记在强调必须加强基础建设，提升安全保障能力中，提到的针对城市建设、危旧房屋、玻璃幕墙、渣土堆场、尾矿库、燃气管线、地下管廊等重点隐患坚决做好安全防范，都是针对城市的内容。因此，有必要通过互联网技术，在地下管网安全监测管理系统、城市建筑智能安全装备体系、城市公共交通安全管理系统、城市安全应急救援管理系统等方面，加强城市安全保障体系建设，真正把“安全第一”落到实处。

（二）智能化提升道路交通安全水平

道路交通事故伤亡高居安全事故首位，解决这一难题，对我国安全生产形势好转至关重要。运用互联网技术，提高交通安全路、车、人三方面的本质安全水平，对改善交通安全局面意义重大。2016年，互联网在交通安全方面将以道路运输重点营运车辆道路运输管理平台完善、车联网＋汽车主动安全防撞系统应用、新型安全智能远程实时监控防撞护栏建设等为重点，大力促进智能交通安全水平的提升。

2015年道路运输重点营运车辆道路运输管理平台入网车辆突破了250万辆，2016年这一平台有望进一步扩大入网车辆。同时加快与市场融合，使安全与物流相结合。

随着全球工业化的发展，特别是工业4.0时代的到来，以车联网+汽车主动安全为代表的智能主动安全时代正在来临。调查显示，31%的消费者在购车时会把安全性作为首要考量因素。车企也将更多的主动安全装置装配到汽车中，以满足用户需求，特别是智能主动安全装置市场将得到快速发展。

2014年11月，《国务院办公厅关于实施公路安全生命防护工程的意见》；2016年，继续做好"生命工程"，至2017年底，突破6.5公里。

（三）危化品安全信息化管理不断强化

2015年，以天津港"8·12"危险品仓库特别重大爆炸事故为代表的危险化学品事故频发，防范和遏制危险化学品事故迫在眉睫。信息化手段是提升安全治理能力的有力抓手，强化危化品安全信息化管理对于防范和遏制危险化学品事故至关重要。通过互联网在危险化学品管理中的应用，建立和完善危化品安全监管信息系统，在危险源统计、监管，先进安全产品应用等方面都可以有所作为。

通过开展信息化建设、示范工程等，重点发展阻隔防爆设备和技术应用、石油石化消防安全系统建设、危险化学品储存和运输管理等，有效防范和杜绝危险化学品安全隐患。

五、依托协会构建产学研用金合作平台

从2014年底中国安全产业协会成立以来，中国安全产业协会得到了快速发展。2015年中，协会会员已扩大了一倍，达到了500多家；建立了消防、物联网、矿山、建筑等行业分会，在襄阳、马鞍山、泸州等地设立了安全产业示范基地；各项活动有序展开，在国内外的影响力逐步扩大。

展望2016年，协会将努力做好标准、认证、评估、检测、培训等工作，在企业、金融、研究、政府等机构之间搭起交流合作平台，发挥协会"为民从善，服务会员"的宗旨，推进安全产业服务体系建设，构建产学研用金交流合作平台。

协会将坚持安全产业的安全功能。从弥补安全欠账，促进产业转型升级，打造智能安全产业，保障安全发展，拉动经济增长入手。宏观上力争列入国家战略推动，微观上全民参与，消除隐患，确保遏制重特大事故。

协会将服务产业转型升级。从供给侧结构性改革入手，由低端供给到高端供给转变，提高安全产业供给体系质量和效率，更适应市场需求变化。打造智能安全、跨行业融合性的新兴产业。

后 记

赛迪智库安全产业研究所（原工业安全生产研究所）是国内首家专业从事安全产业发展研究的智库机构，本所继2015年撰写并出版了《2014—2015年中国安全产业发展蓝皮书》之后，在工业和信息化部、国家安全生产监督管理总局和中国安全产业协会等部门的支持下，又撰写了《2015—2016年中国安全产业发展蓝皮书》。

本书由樊会文担任主编，高宏担任副主编。高宏、刘文婷、胡文志、于萍、王毅、陈楠、李泯泯、黄玉垚等参加了本书的撰写工作。其中，综合篇由王毅、刘文婷分别撰写第一章和第二章；行业篇由胡文志、王毅、陈楠、李泯泯负责编写，胡文志撰写第三章和第六章，王毅撰写第七章，陈楠撰写第八章和第九章，李泯泯负责编写第四章和第五章；区域篇分别由刘文婷编写第十章，胡文志编写第十一章，于萍编写第十二章；园区篇由李泯泯编写第十三章，于萍编写第十四章，刘文婷编写第十五章，胡文志编写第十六章；企业篇全部由李泯泯负责编写和整理；政策篇由黄玉垚撰写第二十五章，第二十六章由黄玉垚、王毅、陈楠分别进行了相关政策的解析；热点篇分别由王毅编写第二十七章，胡文志编写第二十八章，李泯泯编写第二十九章，黄玉垚编写第三十章，陈楠编写第三十一章；展望篇由王毅编写第三十二章，高宏编写第三十三章。高宏、于萍等负责对全书进行统稿、修改完善和校对工作。工业和信息化部安全生产司、国家安全生产监督管理总局规划科技司和中国安全产业协会的有关领导也为本书的编撰提供了大量的帮助，并提出了宝贵的修改意见。本书还获得了安全产业相关专家和中国安全产业协会企业的大力支持，在此一并表示感谢！

由于编者水平有限，本书不免有许多缺陷和不足，也真诚希望广大读者给予批评指正。

编 辑 部：赛迪工业和信息化研究院

通讯地址：北京市海淀区万寿路27号院8号楼12层

邮政编码：100846

联 系 人：刘 颖　董 凯

联系电话：010-68200552 13701304215

010-68207922 18701325686

传　　真：0086-10-68209616

网　　址：www.ccidwise.com

电子邮件：liuying@ccidthinktank.com